KB018949

김라희는 뜨개렐라

쉽고 예쁜 코바늘 · 대바늘

구민사

PROLOGUE

저는 뜨개질 초보입니다.

안녕하세요. '김라희는 뜨개렐라'의 저자 김라희라고 합니다.

한 번은 뜨개질을 배우고 싶어서 학원에 간 적이 있었습니다. 그런데 정규 과정을 따라가다 보니 정작 하고 싶은 것은 못하고 수업내용에만 맞추다 보니 답답함을 느끼고 결국 한 달 만에 그만두게 되었지요. 그 날 이후로 저는 스스로 상상하며 이것저것 떠보기 시작했고 정석으로 뜨기보단 나의 상상을 뜨개질로 구현해내는 것들을 즐기며 내 스타일과 개성에 맞춘 나만의 다양한 노하우를 만들어가며 뜨개질을 떠왔습니다.

사람들은 그러지요. 어떻게 도안도 없이 뜨개질이 상상으로 가능하냐고. 그래서일까요? 유튜브 채널에 뜨개질 강좌 동영상을 재미 삼아 찍어 올렸을 때 초보자들의 반응이 굉장히 좋았습니다. 정석으로 가르치기보단 정말 잘 모르는 초보자의 입장에서 알기 쉽게 설명하려고 노력했으니까요.

뜨개질에 관련된 책을 살 때마다 힘들었던 것은 알아보기 힘든 그림들과 장황하게 쓰여 있는 설명들, 그리고 아무리 봐도 모르겠는 도안들이었습니다. 저처럼 도안을 볼 줄 모르는 초보자들도 간략한 설명과 과정, 그림 그리고 영상을 참고하며 뜨개질을 쉽게 따라 하며 배울 수 있는 책이 있었으면 좋겠다는 생각을 했지요. 그렇게해서 탄생한 책이 바로 '김라희는 뜨개렐라' 입니다.

초보자여도 다양한 실들을 이용하여 많은 창작의 경험을 해보며 수준 높은 작품을 완성할 수 있도록 예쁘게 구성해봤습니다. 제 설명이 다소 정석과는 많이 다르더라도, 미흡하더라도, 뭔가 방법이 이상하더라도, 또는 웃기더라도 혼자서 독학으로 뜨개질을 한 저의 개성이라 생각해주시면 좋겠다는 양해의 말씀을 먼저 드리고 시작하겠습니다.

뜨개렐라, 김라희

INTRO

뜨개렐라는요, 뜨개질을 배운 적 없는 김라희가 혼자 창작하고 상상하며 뜨개질을 해오면서 쌓인 그동안의 노하우와 기술들을 알려 드립니다. 덤으로 저의 아이디어와 창작 세계를 함께 공유하고자 합니다.
초보자도 다양한 실들을 사용해보면서 보다 더 예술성 있고, 실용성이 있는 작품들을 접할 수 있도록 준비한 책입니다. 최소한의 기법으로 최대한의 효과를 볼 수 있으려면 여러 가지를 만들어보는 게 좋습니다.
일반 뜨개 도서에서는 다루지 않았던 기법과 색감, 그리고 털실들을 접해 보실 수 있기에 더욱 재미있고 고급스러우며 차별화된 작품들을 접하실 수 있을 겁니다. 뜨개 유튜버로서 다양한 뜨개질을 해왔고 해당 작품들을 책으로 재편집하며 수정・보완했습니다.
간혹 영상과 책의 내용이 다소 다르다거나 정확하게 표기가 되지 않은 부분들도 있을 겁니다. 조금 더 정확하고 완성도 있는 작품을 위해 유튜브 설명에서 모자랐던 부분들을 추가하고 수정한 것이니 책을 좀 더 깊이 있게 봐주시기 바랍니다. 뜨개질은 뜨는 사람의 힘과 바늘 사이즈 그리고 실의 미세한 두께 차이에 따라서 콧수와 단수의 편차가 심합니다. 그래서 도안상에 정확한 단이나 콧수보다는 센티미터(cm)나 취향 등으로 표기를 함으로써 뜨개질을 즐기는 초보 니터 분들이 단순히 책을 따라 하는데 그치지 않고, 취향에 따라서, 혹은 사이즈에 맞춰서 뜨실 수 있도록 했습니다.
김라희와 함께 창작하고 응용하면서, 그리고 상상의 나래를 펼쳐가면서 뜨개질을 완성하는 즐거움과 기쁨을 만끽하시기 바랍니다. 마지막으로 이 책이 출판되기까지 도움을 주신 도서출판 구민사 조규백 대표님과 관계자분들께 감사의 말씀을 드립니다.

뜨개렐라, 김라희

CONTENTS

2

* 다른 궁금증은 해당 유튜브 동영상 하단의 댓글이나 아래를 통해 물어봐주시면 즉시 답변해드립니다!

유튜브 : http://www.youtube.com/0303rh, **블로그** : blog.naver.com/powerppodea

인스타그램 : @raheetv, **카페** : cafe.naver.com/0303rh

TIP 뜨개렐라 김라희가 전수하는 뜨개 상식

- 바늘이 크면 클수록! 실이 두꺼우면 두꺼울수록 완성품의 사이즈도 커집니다.
- 뜨개질을 할 때는 실을 너무 세게 잡아당기지 말고 설렁설렁 뜨시는 게 예쁩니다.
- 목도리, 모자와 같은 소품들은 공기층이 커야 따뜻하고 포근하기 때문에 힘을 빼고 편안하게 뜨개질을 하는 것이 뜨는 사람과 착용하는 사람 모두에게 편안함을 줄 수 있습니다.
- 실의 종류나 혼방율(울, 아크릴)에 따라서 특유의 촉감이나 무늬의 느낌이 달라집니다.
- 실 중간이 끊겨 있거나 매듭이 지어져 있는 건 불량이 아닙니다. 공정 과정에서 생기는 자연스러운 현상 입니다.
- 같은 회사, 같은 색상의 실이라도 LOT 번호에 따라 색상의 차이가 납니다. 염색 과정에서 부여되는 번호이기 때문에 실은 항상 번호에 맞추어 넉넉하게 준비하시는 게 좋습니다.
- LOT 번호는 실을 감고 있는 띠지(종이)에 적혀 있습니다.
- 영상을 한 번만 보고 따라 하신다면 당신은 천재! 많게는 열 번, 스무 번씩 돌려 보시는 분들도 계십니다. 이해도는 개인차가 있기 때문에 실과 바늘을 들고 천천히 따라 해보세요.
- 굵기가 일정하지 않은 특수한 실을 사용할 때는 해당 실의 두꺼운 부분의 사이즈에 맞는 바늘로 뜹니다.
- 실의 색상, 질감, 뜨는 사람의 기술에 따라서 결과물의 느낌과 사이즈가 달라질 수 있습니다.
- 바늘의 재질에 따라서도 작품의 느낌이 달라집니다. (나무, 스테인리스, 아크릴 등)
- 처음부터 스테인리스 바늘을 사용하면 뜨개질이 힘들어집니다. 나무 바늘의 사용을 권장합니다.
- 도구에 제한은 없습니다. 이 책과 똑같이 할 필요도 없으며 색상을 맞출 필요도 없습니다. 여러분의 상상을 가미해서 추가로 창작하는 즐거움을 느껴보세요 .
- 최대한 다양한 종류의 실을 접할 수 있도록 구성하였습니다. 기법 또한 어렵지 않기 때문에 초보자분들이라도 다양한 실과 기법을 이용해서 예쁜 작품을 만들 수 있습니다.
- 책에 나온 설명과 도안이 유튜브 영상과 다를 수 있습니다. 유튜브는 접근성에 중점을 둔 반면 책에서는 보다 정확성을 높이는데 치중했다고 보시면 됩니다.

자주 하는 질문

Q : X살 짜리가 쓸 건데 몇 코 잡아요?

A : 대답하기가 가장 어려운 질문입니다. 뜨개질은 실의 종류와 바늘 사이즈 그리고 뜨는 사람의 기술에 따라서 콧수가 천차만별로 차이가 나기 때문이지요. 본인의 감을 믿으시는 게 가장 확실합니다. 게이지를 내주면 정확한 사이즈의 뜨개질을 뜰 수 있습니다.

Q : 게이지는 어떻게 내는 건가요?

A : 뜨는 사람마다 바늘의 소재 , 바늘 사이즈와 실의 종류, 뜨는 사람의 당기는 힘이나 무늬에 따라 편물의 밀도(사이즈)가 달라지기 때문에 알맞게 조절을 하여 떠야 합니다.

Q : 무슨 색이 예뻐요?

A : 개인적으로는 조금 투박하고 촌스러운 색상을 선호하는 편입니다. 하지만 클래식하고 대중적인 색상을 좋아하시는 분들도 계실 겁니다. 본인이 가장 좋아하는 색상이나 받는 사람이 좋아하는 색상부터 시작해보세요! 후회하지 않으실 거예요.

Q : 하다가 틀렸을 때나, 코가 빠졌을 때는 어떻게 하지요?

A : 틀린 부분까지 풀어주시고 바늘은 왼손, 직물은 오른손에 잡아주시고 한 코씩 풀면서 그대로 바늘에 끼워 넣으면 됩니다.

Q : 그 실은 어디서 샀어요?

A : 저는 보통 오프라인에서 직접 보고 구매를 합니다.
제가 가장 즐겨찾는 곳은 수원 남성모사(www.yarn.co.kr)이며 그 밖에 동대문 종합시장 지하 (C동 5호),방산 시장, 앵콜스 (www.ancalls.com) 등이 있습니다.

Q : 실과 바늘 사이즈는 어떻게 정해야 하나요?

A : 보통은 실보다 약간 두꺼운 바늘을 사용합니다. 특수한 경우에는 오버사이즈를 사용하지만 대부분 실 띠지(겉에 포장된 종이)에 이 실은 몇 mm 바늘을 사용하라고 표기가 되어 있습니다.

Q : 저는 Xmm 실을 가지고 있는데요. 바늘은 몇 mm 사용을 해야 하죠?

A : 실의 특징과 뜨는 사람의 힘에 따라 달라집니다. 띠지를 참고하거나 힘에 따라서 바늘을 유동적으로 바꾸셔도 됩니다.

Q : 꼭 책이랑 똑같은 실과 바늘로 해야 하나요?

A : 아닙니다. 사람마다 뜨는 힘과 사용하는 실과 바늘이 다르기 때문에 어느 정도 감으로 콧수를 조절하여 뜨는 것을 추천합니다. 초보자분들이 만드실 때 작품의 완성도를 위하여 cm로 표기를 해 도움을 드리고 있습니다.

Q : 이 책에 단수나 콧수가 명확하게 표기되어 있지 않은 것도 있나요?

A : 사람마다 키와 몸무게가 다르듯이 뜨는 사람에 따라서도 결과물이 달라질 수밖에 없습니다. 단수를 100단으로 해도 어떤 사람은 30cm 밖에 안 될 수도 있고 어떤 사람은 50cm가 될 수도 있습니다. 그래서 단수나 콧수 대신 cm 단위로 표기하는 게 더 정확하다고 판단했지요.

Q : 줄바늘(대바늘)로 뜨는데 왜 코바늘이 필요하지요?

A : 코바늘은 필수품이라고 생각합니다. 뜨개질을 다 하고서 남은 자투리 실과 코를 잡고 남은 실들을 정리해주는데 이 작업을 손으로 하려면 무척 힘들 수 있습니다. 그래서 목도리 한 개를 뜨더라도 기본적으로 3~5호 정도의 코바늘을 가지고 있다면 더욱 깔끔한 작품을 완성하실 수 있습니다.

Q : 영상에서는 왜 뜨개질을 하다가 중간에 바늘을 바꿔서 뜨나요?

A : 뜨는 작품에 따라서는 신축성이 필요하거나 기법이 달라지면서 편물의 사이즈가 달라지는 경우가 있습니다. 그때 바늘을 바꾸어 뜨면 조금 더 예쁘고 실용성 있는 작품을 만들 수 있습니다.

* 다른 궁금증은 해당 유튜브 동영상 하단의 댓글이나 아래를 통해 물어봐주시면 즉시 답변해드립니다!
유튜브 : http://www.youtube.com/0303rh, **블로그** : blog.naver.com/powerppodea
인스타그램 : www.instagram.com/raheetv, **카페** : cafe.naver.com/0303rh

실의 종류와 장 • 단점

1) 아크릴사

장점 : 가격이 비교적 저렴하고 보온성도 나쁘지 않아서 초보자가 연습용으로 쓰기 좋습니다.

단점 : 사용하다 보면 보풀이 많이 일어나는 편이라 보풀에 예민한 사람들에게나 무늬가 들어간 뜨개질에는 적합하지 않습니다.

2) 100% 울

장점 : 보온성이 뛰어나고 세탁 후에는 더욱 부드러워집니다.

단점 : 매번 울 세탁을 해야 하며 종류에 따라서는 간혹 따갑고 거친 느낌이 드는 실들이 있습니다.

3) 울혼방

장점 : 색상이 다양하며 높은 작품성을 기대할 수 있습니다.

단점 : 함유량과 질감에 따라 결과물이 다르게 나옵니다.

4) 모헤어

장점 : 고급스러우며 보온성이 우수합니다. 보통은 다른 실과 혼사(실을 섞어서 뜸)하는 용도로 쓰입니다.

단점 : 실이 가늘어서 단일 작품으로는 힘듭니다.

5) 나일론사

장점 : 보풀이 나지 않고 실이 잘 엉키지 않으며 소품 뜨기에 적합합니다.

단점 : 실끼리 마찰이 거의 없어서 대바늘의 경우 뜰 때 조금 어려울 수 있습니다.

6) 면사

장점 : 보풀이 없고 물기를 흡착하는 능력이 탁월하여 생활 소품에 많이 활용됩니다.

단점 : 힘이 많이 들어가서 손에 부담이 올 수 있습니다.

8) 수면사

장점 : 소품부터 의류까지 활용 범위가 상당히 넓습니다.

단점 : 털 빠짐이 있으며 펄프의 특수한 냄새가 심하게 나는 경우가 있습니다.

* 이 밖에도 다양한 실들이 있습니다. 보통은 털로 이루어진 퍼 실부터 방울이 달린 실이나 굵기가 제각각인 슬라브실 등과 같이 다양한 실이 있으며 같은 기법으로도 실의 종류에 따라서 전혀 다른 분위기를 연출할 수 있지요.

재료 소개

1) 코바늘 (모사용 코바늘)

코바늘이나 대바늘로 뜨개질을 하고 마무리 털실을 정리할 때 사용합니다. 숫자/0이 기재되어 있으며 숫자가 클수록 바늘의 사이즈가 커집니다.

실리콘 재질과 금속 재질 혹은 나무 재질 등 다양한 소재의 바늘이 있습니다.

2) 코 단수 표시 핀

뜨개질을 하면서 코와 단수를 확인하거나 원하는 자리에 표시를 할 때 사용합니다. 옷핀 같은 모양과 동그란 모양 등 다양한 형태의 핀들이 있습니다.

3) 꽈배기바늘

대바늘 뜨개질을 할 때 교차무늬를 조금 더 편하게 넣고자 할 때 사용합니다. 금속 재질과 플라스틱 재질이 있으며 꽈배기바늘이 없다면 일반 대바늘을 대용으로 사용해도 됩니다.

4) 가위

뜨개질이 끝나거나 새로운 실을 연결할 때 원하는 길이만큼 잘라 사용합니다.

5) 대바늘(줄바늘)

긴 막대 형태의 바늘과 줄이 달린 바늘이 있습니다. 막대 형태의 바늘은 편물의 느낌이 처음부터 끝까지 고르게 떠지는 장점이 있으나 사람에 따라 사용하기에는 조금 불편하다는 의견이 있습니다. 줄바늘은 가장 보편적으로 사용하는 바늘로써 편물을 유연하게 이동시키며 뜨개질을 할 수 있습니다. mm 앞에 숫자가 클수록 두꺼운 털실을 뜨개질 할 때 사용합니다.

6) 줄자

사이즈를 잴 때 사용합니다. 편물의 길이나 머리의 둘레 등 편물과 착용 부위의 사이즈를 비교하거나 여러 개의 동일한 사이즈의 작품을 만들 때 수치를 계산합니다.

7) 돗바늘

바늘의 귀가 커서 털실을 꿰매기 편한 바늘입니다. 끝이 날카롭지 않아 편물 사이를 예쁘게 통과할 수 있는 편물용 바늘입니다. 끝이 둥근 돗바늘과 뾰족한 돗바늘 두 가지를 구비해 놓으면 작품에 따라 유용하게 사용할 수 있습니다.

8) 핀 쿠션

얇은 편물에 단추나 리본을 부착시킬 때 바늘을 꽂아놓는 용도로 사용합니다. 일반 시침용 핀이나 바늘을 꽂아두고 사용합니다.

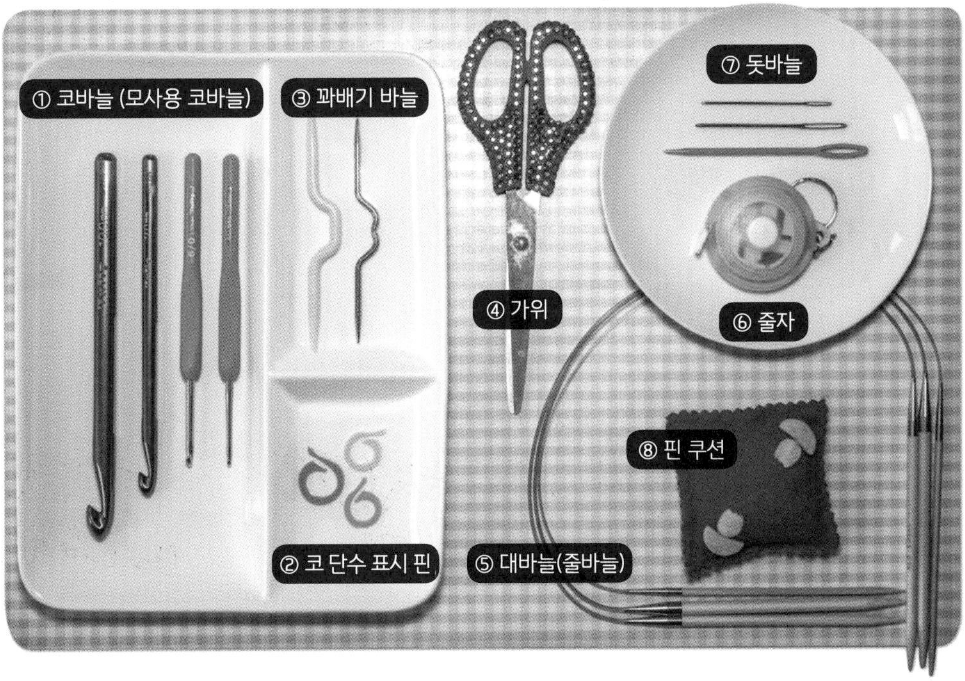

자주 쓰이는 기초 기법 : 코바늘 편

○

사슬뜨기

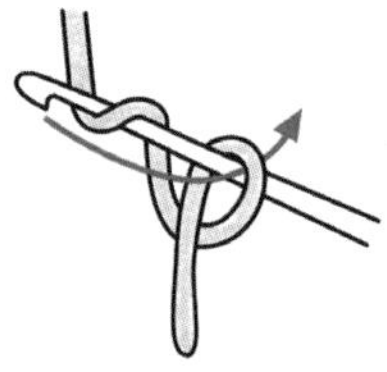

1 고리를 만든다.

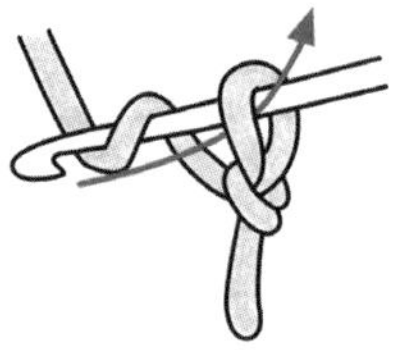

2 실을 감아 고리를 안으로 빼낸다.

3 필요한 콧수만큼 실을 감아 빼낸다. (사슬뜨기 1개=1코)

×

짧은뜨기

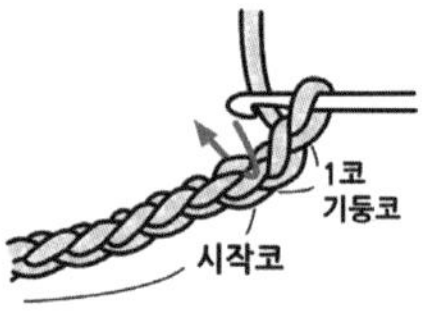

1 시작코와 기둥코 1코를 뜬다.

2 1코를 빼낸 후 다시 실을 감아 2코를 빼낸다.

3 완성 모양

T

긴뜨기

1 시작코와 기둥코 2코를 뜬다.

2 실을 감아 빼낸 후 다시 3코를 한 번에 빼낸다.

3 완성 모양

1길 긴뜨기

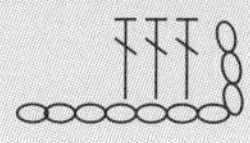

1 시작코와 기둥코 3코를 뜬다.

2 실을 감아 빼낸 후 다시 실을 감아 2코만 빼낸다.

3 실을 감아 2코를 빼낸다.

4 완성 모양

2길 긴뜨기

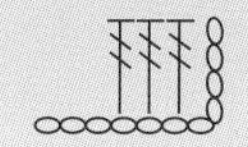

1 시작코와 기둥코 4코를 뜬다.

2 바늘에 실을 두 번 감아 빼낸 후 2코를 빼낸다.

3 다시 실을 감아 2코만 빼낸다.

4 실을 감아 마지막 2코를 빼낸다.

5 완성 모양

빼뜨기

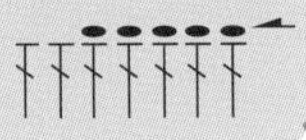

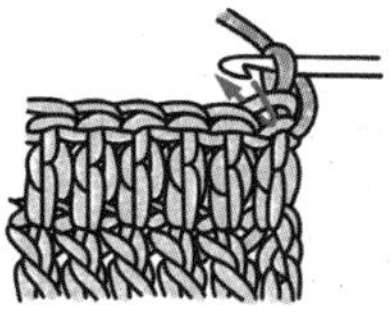

1 화살표 방향으로 바늘을 넣는다.

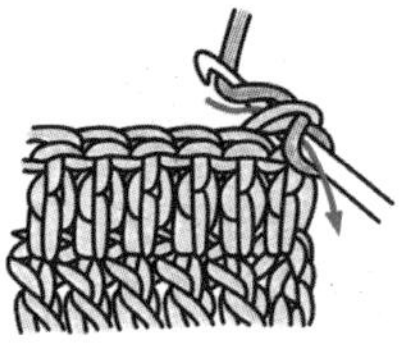

2 실을 감아 한 번에 빼낸다.

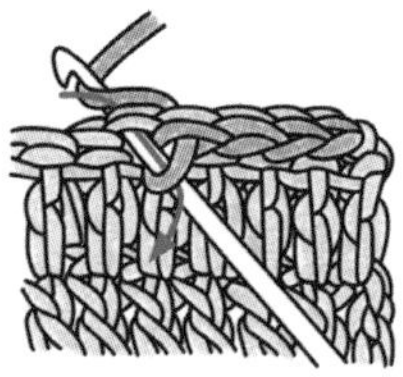

3 완성 모양

1길 긴뜨기 5코 팝콘뜨기

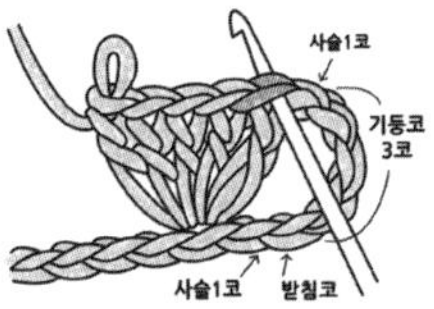

1 한 코에서 1길 긴뜨기 5코를 뜨고, 코바늘을 빼서 1길 긴뜨기 1번째 코에 넣는다.

2 그림처럼 5번째 코에 코바늘을 넣어 5번째 코를 첫 코 사이로 빼낸다.

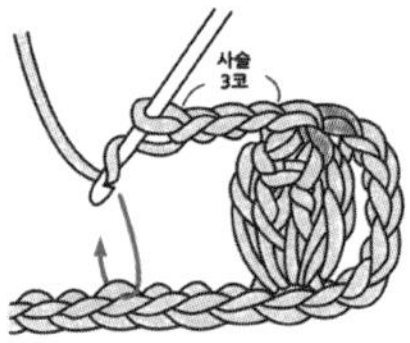

3 코바늘에 실을 걸어 사슬 3코를 뜬 후 3코 건너가 사슬코의 뒷산에 코바늘을 넣어 1~2번을 반복한다.

4 2번째 1길긴뜨기 팝콘뜨기(1코에서) 완성

짧은뜨기로 코 늘리기

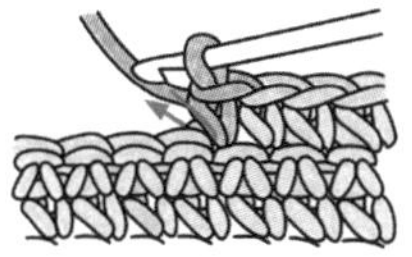

1 한 구멍에 2코 짧은뜨기를 한다.

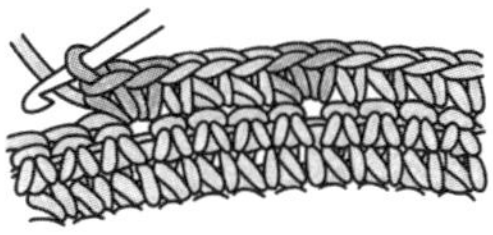

2 완성 모양

짧은뜨기로 2코 모아뜨기

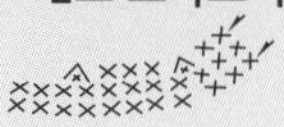

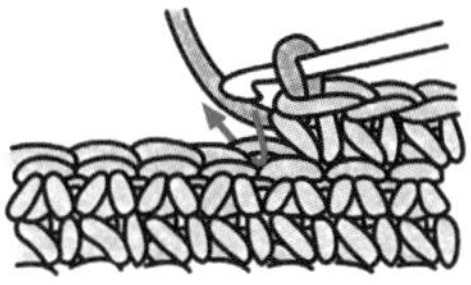

1 화살표 방향으로 바늘을 넣는다.

2 1코를 빼내고 다시 옆구멍에 바늘을 넣는다.

3 실을 감아 3코를 한 번에 빼낸다.

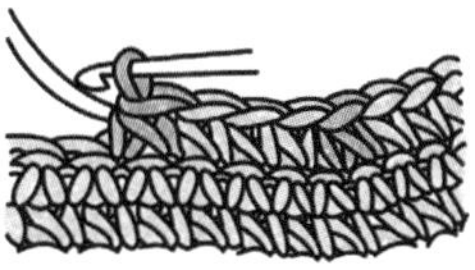

4 완성 모양

자주 쓰이는 기초 기법 : 대바늘 편

|
걸뜨기

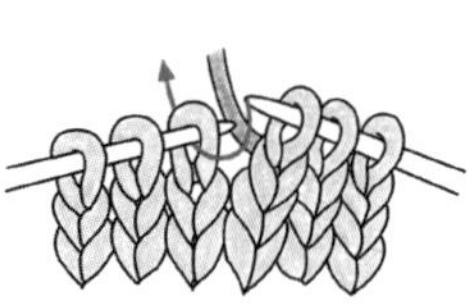

1 다음 코 앞에서 뒤로 바늘을 넣는다.

2 실을 건다.

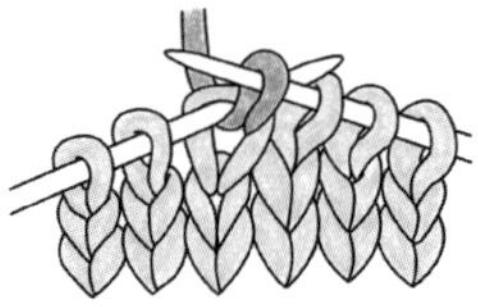

3 뒤에 있던 바늘을 앞으로 가져오며 실을 빼낸다.

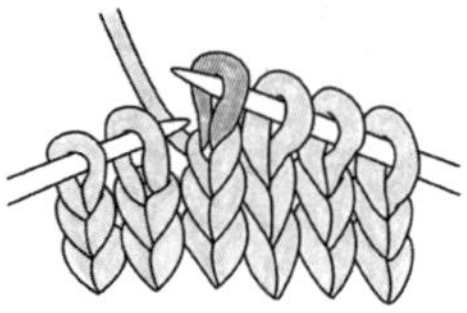

4 완성 모양

—
안뜨기

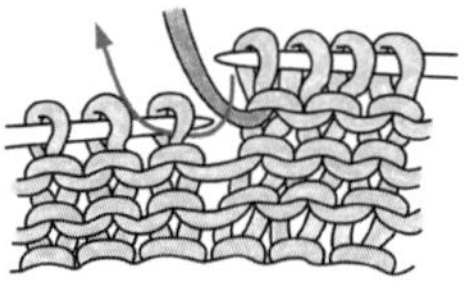

1 다음 코 뒤에서 앞으로 바늘을 넣는다.

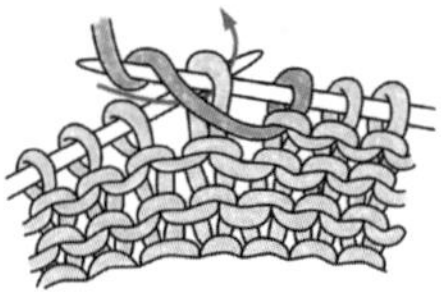

2 실을 건다.

3 바늘을 앞에서 뒤로 밀며 빼낸다.

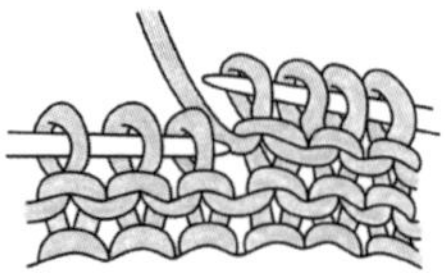

4 완성 모양

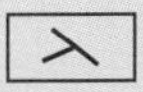

오른코겹쳐 2코 모아뜨기

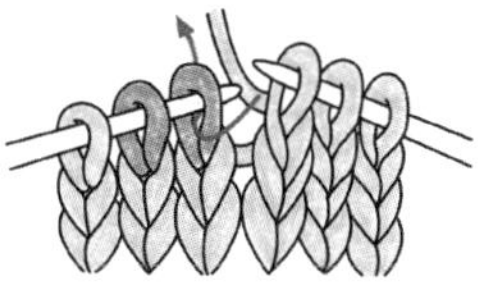

1 다음 코 뜨기 전 오른쪽 바늘에 실을 뜨지 않고 넘겨준다. 그 후, 코에 바늘을 넣는다.

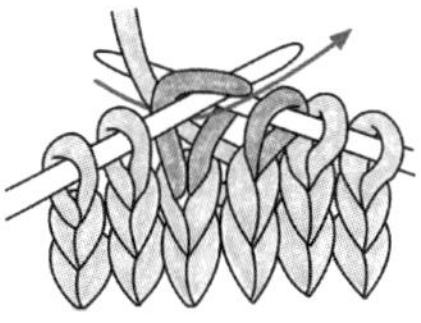

2 다음 코를 겉뜨기 한다.

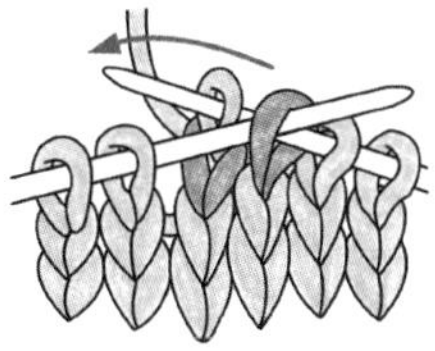

3 뜨지 않고 넘어간 코를 덮어 씌워준다.

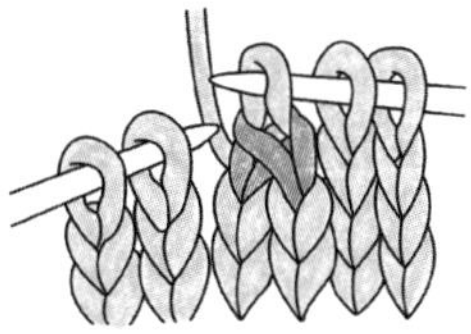

4 완성 모양

왼코겹쳐 2코 모아뜨기

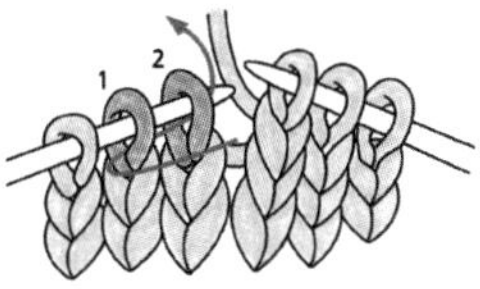

1 화살표 방향으로 2코를 한 번에 순서대로 넣어준다.

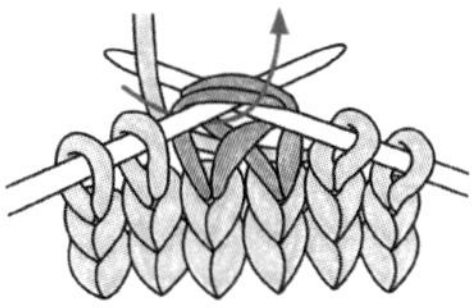

2 실을 걸쳐 겉뜨기 한다.

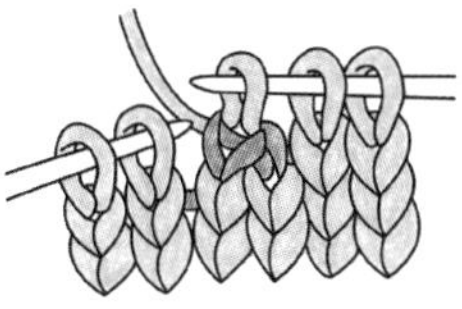

3 완성 모양

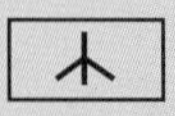

중심3코 모아뜨기

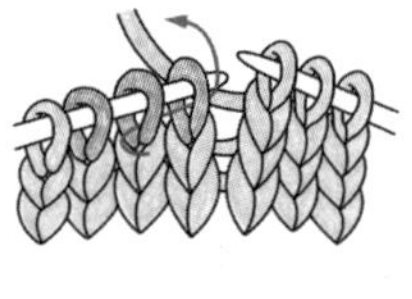

1 2코를 뜨지 않고 오른쪽 바늘에 옮긴다.

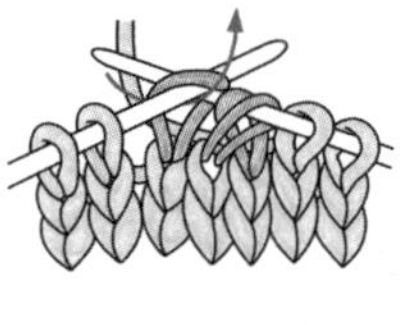

2 다음 코를 겉뜨기 한다.

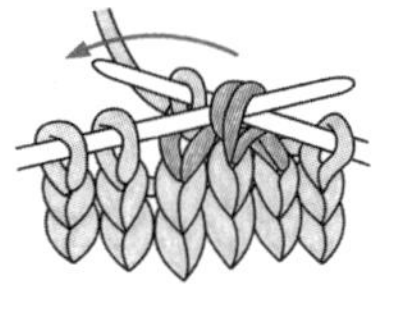

3 옮긴 2코로 덮어 씌운다.

4 완성 모양

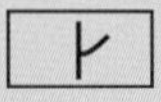

오른코 늘리기

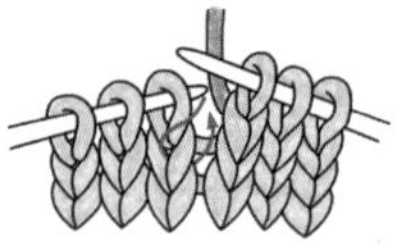

1 다음 코 전 단의 반코에 바늘을 넣는다.

2 실을 걸쳐 겉뜨기 한다.

3 바늘에 걸려 있는 코도 겉뜨기 한다.

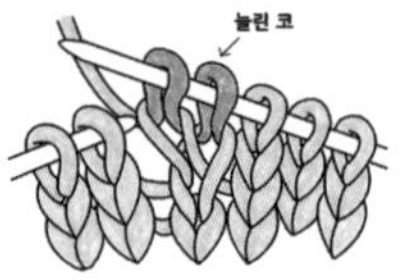

4 완성 모양

왼코 늘리기

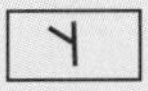

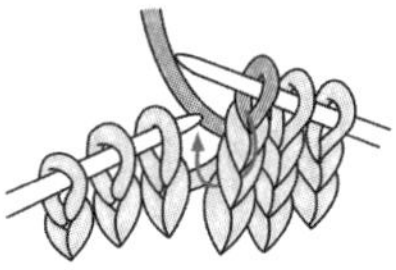

1 뜬 코의 2단 밑 코에 바늘을 넣는다.

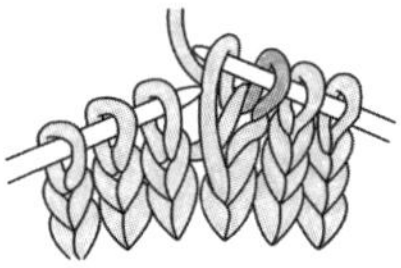

2 오른쪽 바늘로 끌어올린다.

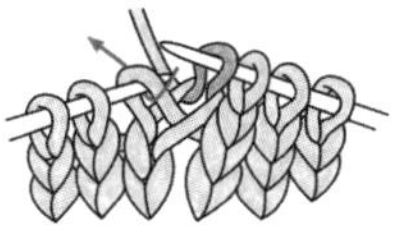

3 끌어올린 코를 왼쪽 바늘에 옮겨 겉뜨기한다.

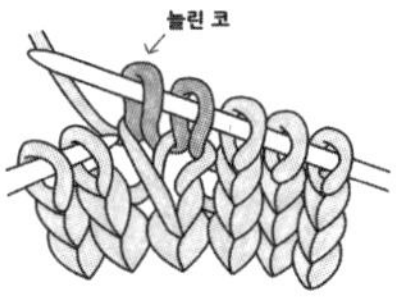

4 완성 모양

감아코 만들기

1 왼손으로 실을 감아 필요 수만큼 오른쪽 바늘에 끼운다.

2 3코의 감아코 완성 모양

코막음

1 2코를 순서대로 겉뜨기 한다.

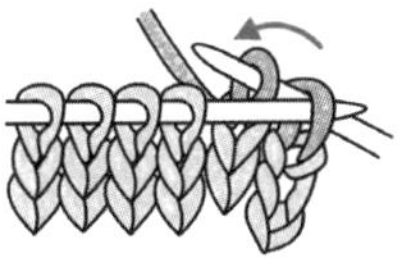

2 오른쪽 코에 왼쪽 바늘을 넣어 2코째를 덮어씌운다.

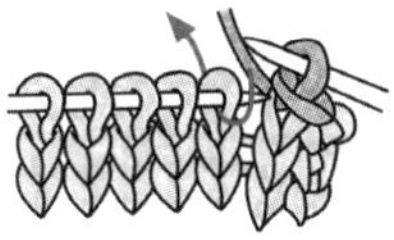

3 왼쪽 바늘의 코를 겉뜨기하고 오른쪽 코를 덮어씌우기를 반복한다.

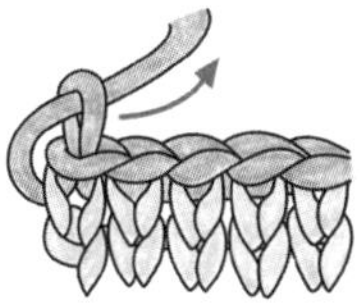

4 마지막 만들어진 코 안으로 실자락을 빼낸다.

1

쉽고 재미있는 뜨개질의 세계에

저와 함께 빠져들 준비 되셨나요?

그럼, 지금부터 본격적으로 시작합니다!

South Little Wizard's Hat & Scarf

남쪽의 꼬마 마법사 모자와 목도리

클래식한 디자인과 유니크한 질감

South Little Wizard's Hat

남쪽의 꼬마 마법사 모자

마법사 고깔모자

실	컨트리 1볼 반 (약 120g)
바늘	줄바늘 15mm, 돗바늘
준비물	표시핀
난이도	★½
완성 사이즈	가로 24cm, 세로 26cm

HOW TO MAKE-1

뜨개방식

- ㅣ 겉뜨기
- ㅅ 왼코 겹치기

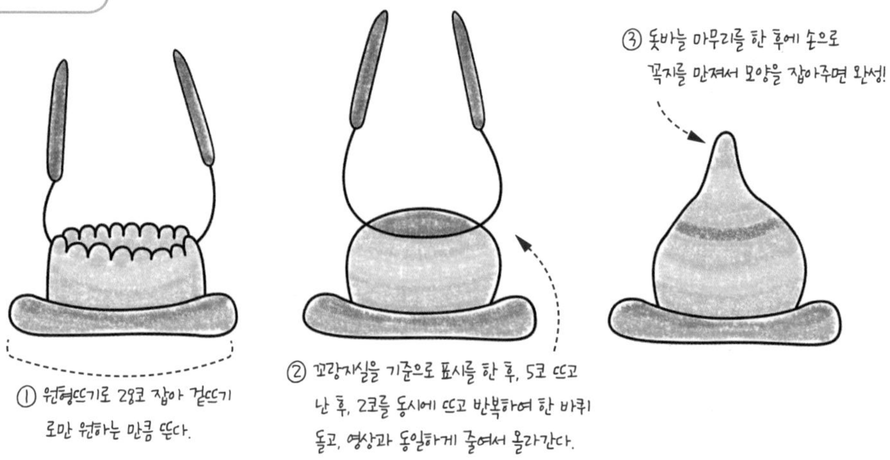

HOW TO MAKE-2

1. 일반코로 28코를 만들고 겉뜨기로만 원형뜨기를 해준다.
2. 겉뜨기의 높이를 약 12~15cm 원하는 높이만큼 뜨고 나서 맨 처음 코를 잡고 남은 실을 따라 해당하는 코에 표시핀을 꽂아준다.
3. 겉뜨기 5개를 하고 6, 7번째 코를 2코 동시에 모아 뜬 후 다시 5코 뜨고 6, 7번 코를 모아 뜨면서 한 바퀴(한 단) 돌려 뜬다.
4. 평단을 1단 떠준다.
5. 겉뜨기 4개, 2코 모아뜨기를 반복하여 한 바퀴 돌리고 다시 평단을 한 단 더 뜬다.
6. 겉뜨기 3개, 2코 모아뜨기를 반복하여 한 바퀴 돌리고 다시 평단을 한 단 떠준다.
7. 겉뜨기 2개, 2코 모아뜨기와 평단 뜨기를 2번 반복한다.
8. 돗바늘로 마무리를 해준다.

Tip!

- 원형뜨기를 할 때에는 첫 단을 시작할 때 코를 잡은 것들이 뒤틀리지 않게 시작을 해주어야 모자가 꼬이지 않는다. 원형뜨기를 하기 전에 반드시 코의 방향을 확인한다.
- 한 타래에 여러 가지 색상이 그라데이션 되어 있는 실을 이용하면 디자인에 따라 전혀 다른 분위기의 작품을 만들 수 있다.
- 평단 : 뜨개질을 할 때 콧수를 늘이거나 줄이지 않고 바늘에 있는 그대로를 뜨면서 단을 올리는 것

작품명 | 남쪽의 꼬마 마법사 모자

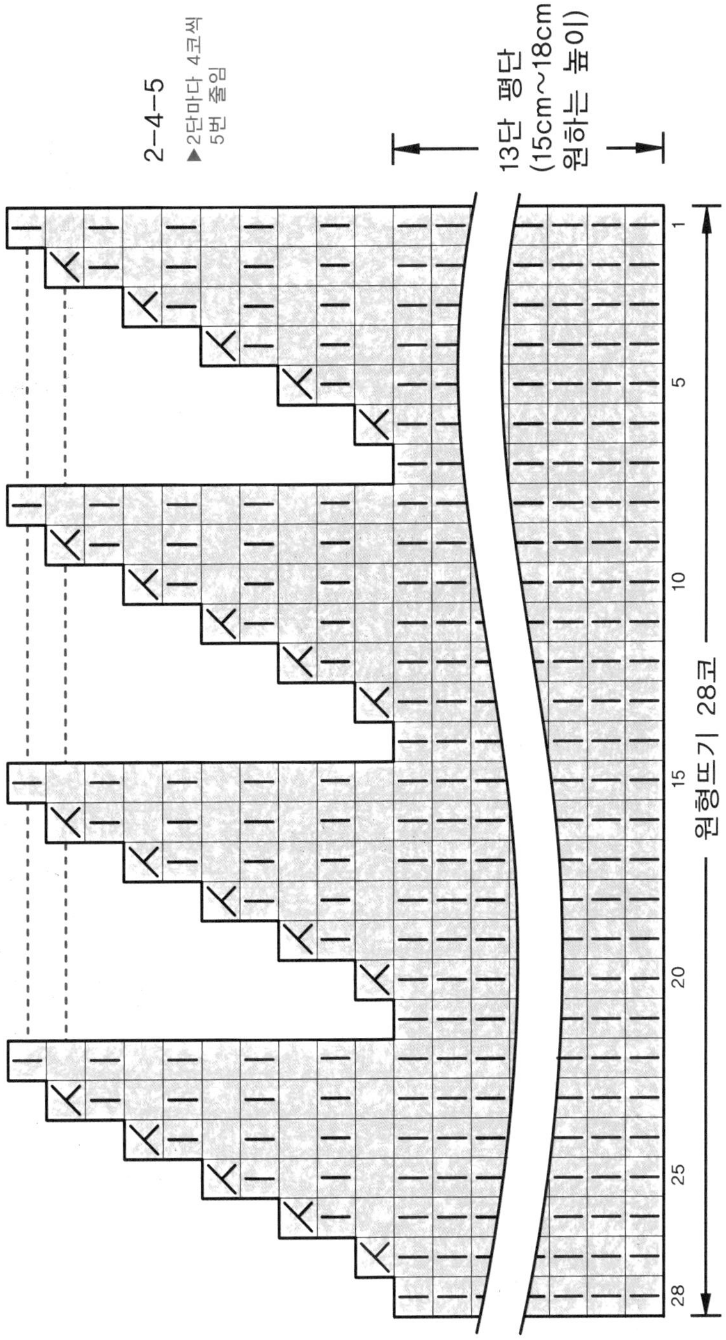

South Little Wizard's Scarf

남쪽의 꼬마 마법사 목도리

마법사 목도리

실	꼬마 마법사 모자를 만들고 남은 실 (약 80g)
바늘	줄바늘 15mm
난이도	★
사이즈	가로 9cm, 세로 120cm

HOW TO MAKE-1

뜨개방식

- | 겉뜨기
- – 안뜨기
- ∨ 걸러뜨기

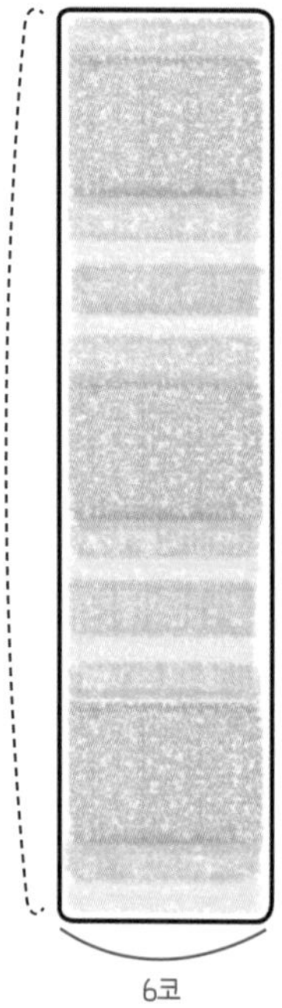

① 6코 잡아 1코 고무뜨기를 첫코 거르고 원하는 만큼 뜬다.

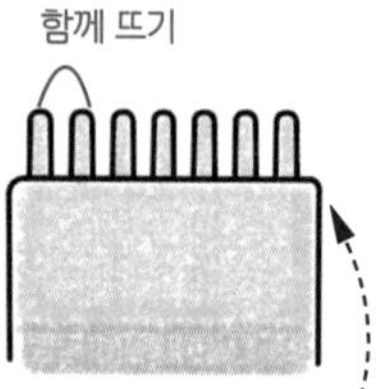

② 코막을 때 일반 덮어씌워 마무리 해주고 1~2번은 두 코를 동시에 떠서 마무리 한다.
*영상 참조

③ 완성!

HOW TO MAKE-2

1. 일반코로 6코를 만든다.

2. 겉뜨기 1개, 안뜨기 1개를 반복하여 1단을 떠준다. (1코 고무뜨기)

3. 단을 시작할 때 첫 코는 겉뜨기 방향으로 뜨지 않고 걸러준 후 보이는 대로 떠준다.

4. 원하는 길이만큼 뜬 다음 코를 막는다.

Tip!

- 1코 고무뜨기를 하다 보면 코 막은 부위가 늘어날 수 있으니 코막음을 잘 해야한다.

- 남쪽의 꼬마 마법사 목도리 코막는방법: 첫 코 겉뜨기 -> 다음 2코 안뜨기로 모아뜨기 -> 실 겉뜨기 방향으로 돌려서 덮어씌우기

작품명 | 남쪽의 꼬마 마법사 목도리

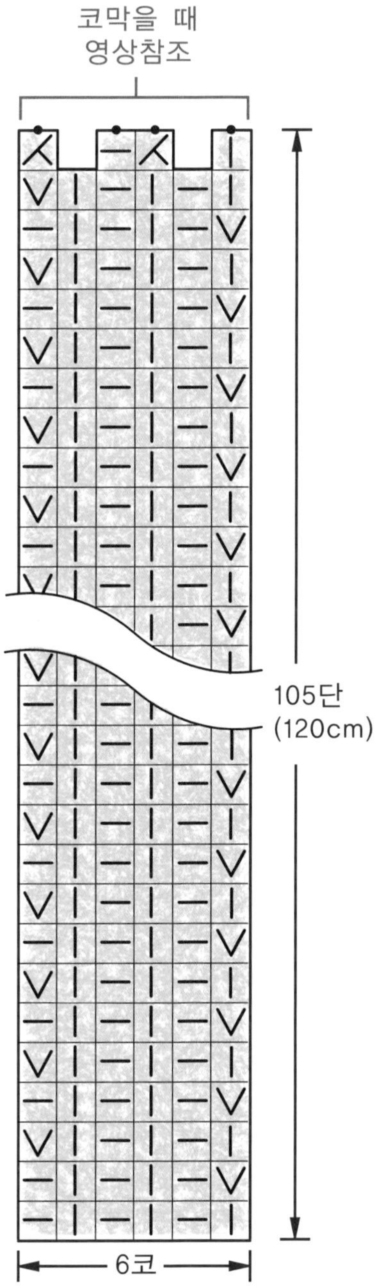

Ribbo Hand Warmers

리본 핸드 워머

새하얀 눈송이처럼

Ribbon Hand Warmers

리본 핸드 워머

실	헤라 울 아이보리 1볼 / 빨강 약간 (총 60g)
바늘	줄바늘 2.5mm, 3.5mm, 돗바늘
난이도	★★☆
완성 사이즈	가로 11cm, 세로 16cm, 손목 단면 6.5cm

리본 핸드 워머

HOW TO MAKE-1

뜨개방식

- ㅣ 겉뜨기
- ㅡ 안뜨기
- ㅅ 왼코 겹치기
- ㅅ 오른코 겹치기

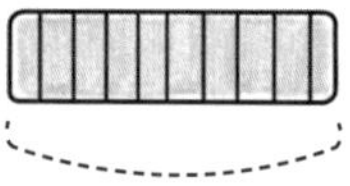

① 3mm 바늘로 50코 잡아서 1코 고무뜨기를 해준다. 손목 부위이기 때문에 취향에 따라 원하는 높이만큼 떠준다.

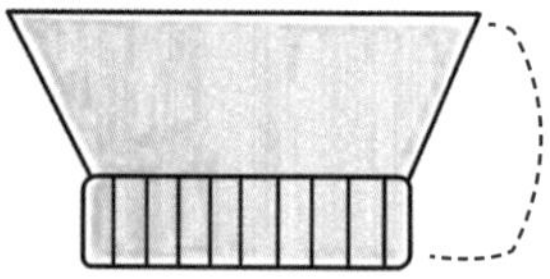

② 3.5mm 바늘로 바꾸어 두코 두단 멍석무늬를 엄지 손가락 시작부분만큼 떠준다. (사람마다 뜨는 힘이 달라 손등에 올려가면서 사이즈를 조절한다.)

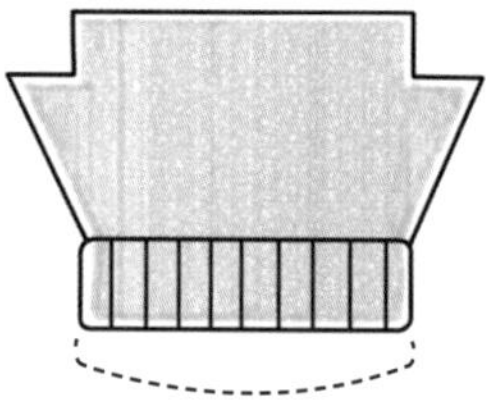

③ 1단마다 1코씩 양쪽줄임으로 6코씩 줄여준다.

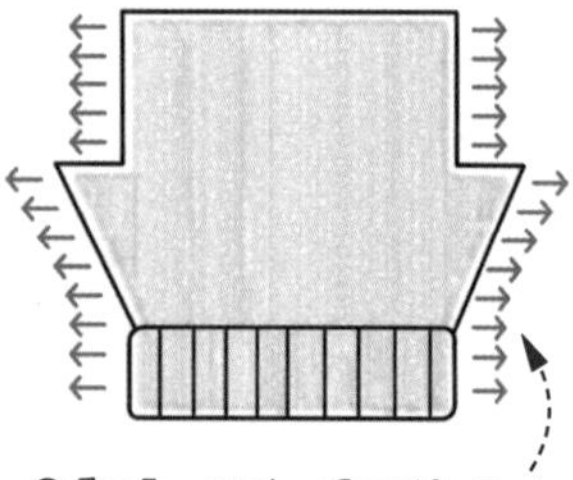

④ 줄인 후에 원하는 만큼 평단을 뜨고 양쪽을 줄인 부분을 제외하고 화살표 부분끼리 만나도록 돗바늘로 꿰매준다.

⑤ 장갑 완성!

⑥ 장갑 무늬와 동일하게 2코 2단 멍석무늬를 12코~20코 잡아 직사각형으로 떠준다.

⑦ 실을 칭칭 감아 리본을 만든다.

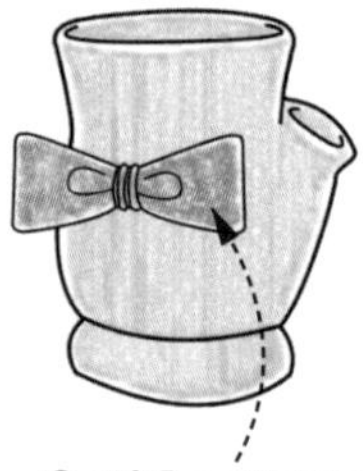

⑧ 착용 후에 리본의 위치를 정해 리본을 달아주면 완성!

HOW TO MAKE-2

핸드워머 뜨기

1. 줄바늘 2.5mm로 50코를 만든다.(손이 작다면 콧수를 적게 잡아준다.)
2. 한 코 고무단을 원하는 만큼 떠준 후에 바늘을 바꾸어 3.5mm 바늘로 무늬를 떠준다.
3. 손가락 구멍을 내기 위해 매단마다 양쪽줄임으로 1코씩 양쪽으로 줄이면서 총 6코를 줄인다.
4. 손을 덮을 만큼의 평단을 뜬 후에 마무리한다.(약 12단)

리본 뜨기

1. 빨간색 헤라 울로 워머 무늬뜨기와 같은 방법으로 12코를 뜬다.
2. 직사각형의 작은 편물을 같은 무늬로 만들어 반으로 접은 후 다시 양쪽면을 각각 반으로 접는다.
3. 가운데 접힌 부분을 실로 동여매어 리본이 완성되면 워머에 부착한다.

Tip!

· 이때 손등에 대보면서 엄지손가락의 뿌리 부분까지 무늬를 뜬다.

· 리본을 브로치 형태로 만들면 떼었다 붙였다 할 수 있다. 또한 액세서리나 옷 등에 부착하면 또 다른 멋진 리본으로 활용할 수 있다.

DESIGN

작품명 | 핸드워머

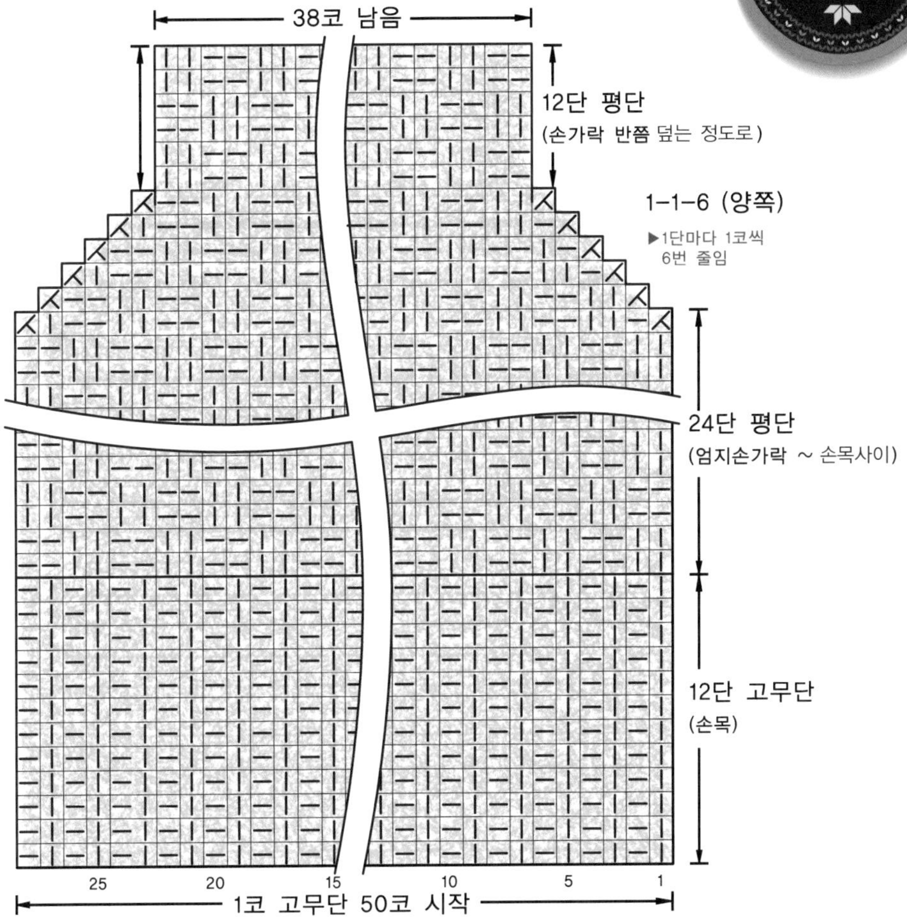

작품명 | 리본

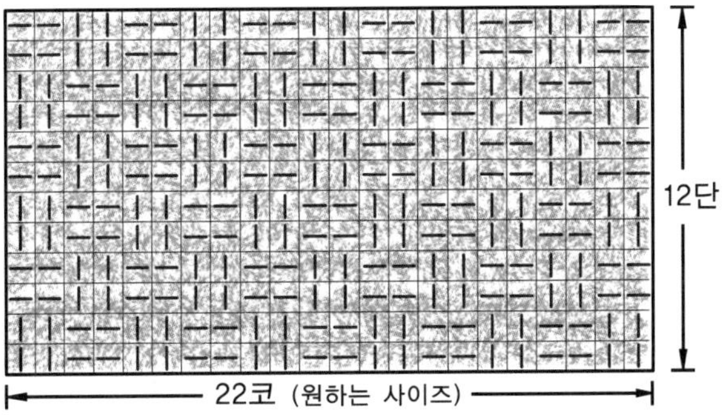

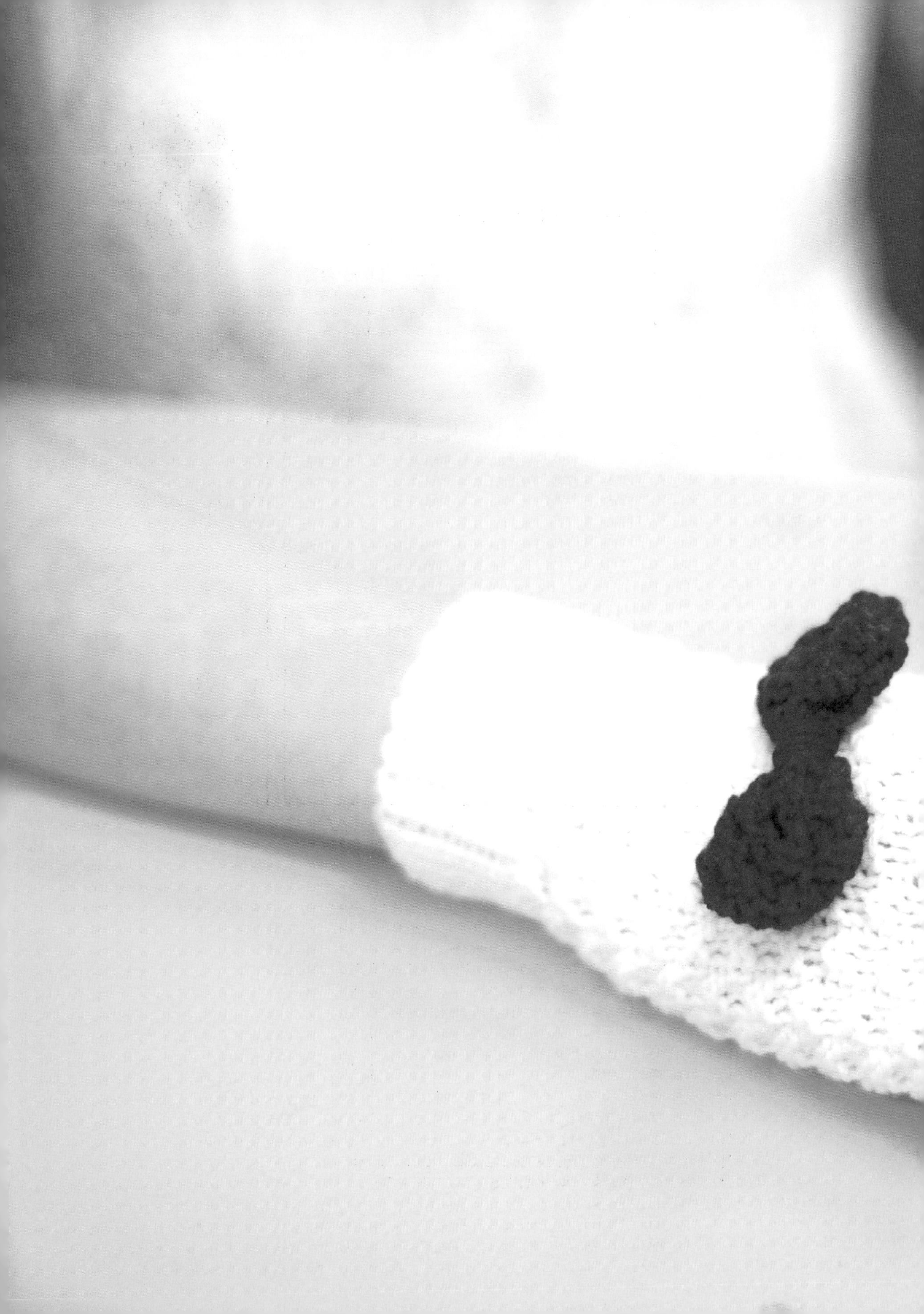

Princess Pouch

프린세스 파우치

고급스러운 스퀘어 무늬를 품은

Princess Pouch

프린세스 파우치

실	산타클로스 (반볼)
바늘	코바늘 모사용 6/0호
준비물	핸드메이드 라벨, 실, 바늘
난이도	★☆
완성 사이즈	가로 18cm, 세로 14cm

HOW TO MAKE-1

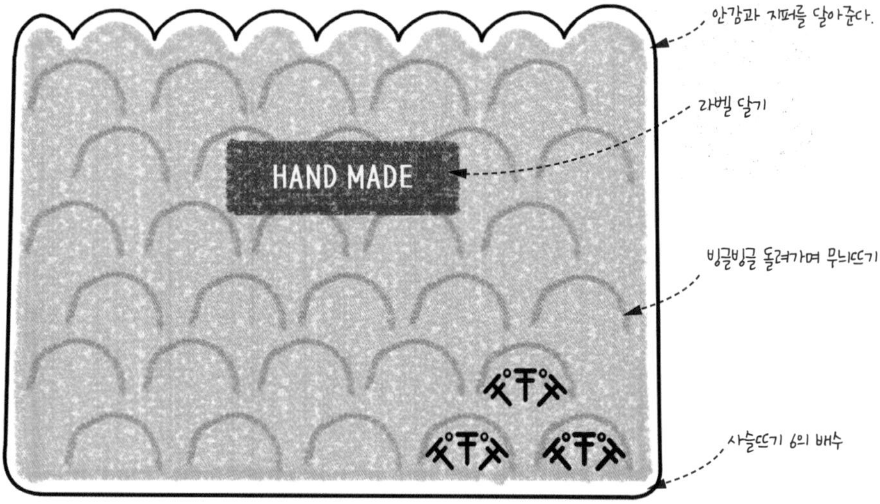

HOW TO MAKE-2

1. 사슬뜨기를 원하는 만큼 떠준다. 이때 사슬뜨기의 개수는 반드시 6의 배수가 되도록 한다.
2. 사슬뜨기 1개(기둥코)와 짧은뜨기를 한 단 떠준다.(생략가능, 도안 참조)
3. 3코 건너가 해당하는 코에 한길긴뜨기 ⋯→ 사슬뜨기 ⋯→ 한길긴뜨기 ⋯→ 사슬뜨기 ⋯→ 한길긴뜨기 순서대로 한 코에 한길긴뜨기가 총 3개가 들어가도록 한다.
4. 한 바퀴 반복해서 돌려 뜬 후 무늬를 넣어가며 원하는 높이만큼 계속해서 뜬다.
5. 짧은뜨기로 한 바퀴 돌려 떠서 마무리하고 라벨을 달아 준다.

Tip!

- 사슬뜨기를 원하는 만큼 잡아 작품을 뜨다보면 처음에 잡아 놓은 사슬뜨기 보다 작품의 사이즈가 약간 줄어든다. 그러므로 사슬뜨기는 여유롭게 잡아준다.
- 프린세스 파우치는 짝수단이 올라가는 방법과 홀수단이 올라가는 방법이 다르다. 그렇기 때문에 도안을 볼 때 어렵다면 동영상을 참고해야 한다.
- 안감이나 지퍼는 뜨개방(수예점)이나 세탁소 혹은 전문점에 맡기면 된다.
- 작품의 완성도를 높여주는 '안감', '단추', '지퍼' 등은 동네 세탁소에서도 해주지만 '뜨개방(수예점)'이나 '동대문 종합시장 지하' 같은 전문적인 곳에 맡기면 보다 저렴하면서 튼튼하게 작품을 완성할 수 있다.

KIM RA HEE
handmade

작품명 | 프린세스 파우치

DESIGN

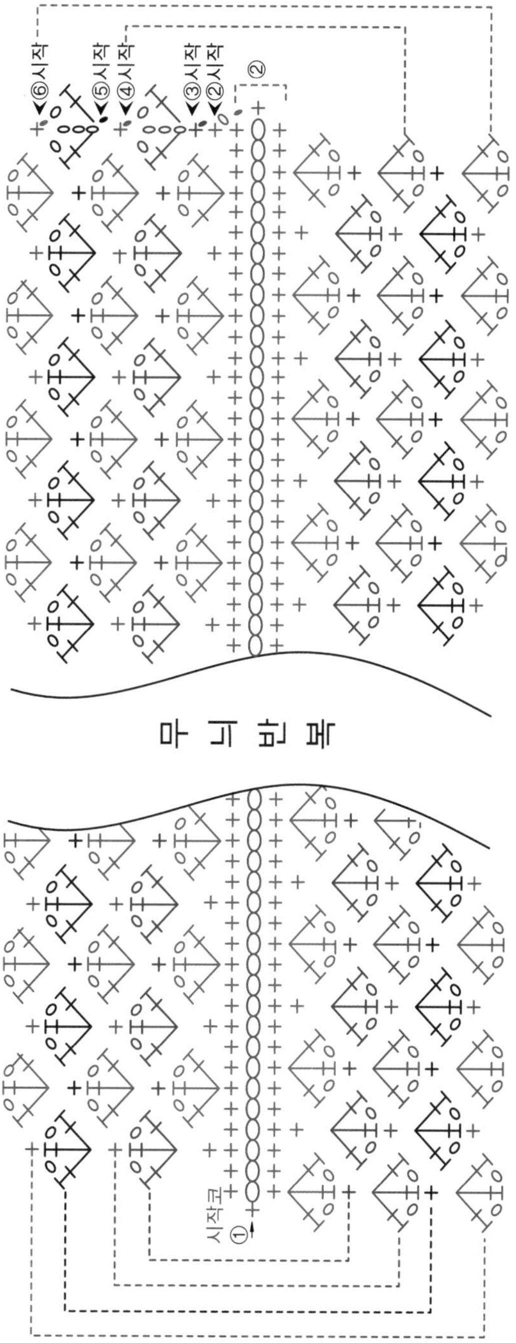

- 6코 1무늬
- 원하는 높이만큼 떠준 후 마무리
- 짝수단과 홀수단 뜨는 기법이 약간 다르다.

Twisted Neck Warmer

꼬불 넥 워머

왕초보도 쉽게 완성하는 겨울 필수 아이템

Twisted Neck Warmer

꼬불 넥 워머

실	스카치 트위드 2볼
바늘	줄바늘 7mm
난이도	★
사이즈	가로 24cm, 세로 22cm

HOW TO MAKE-1

뜨개방식

ㅣ 겉뜨기

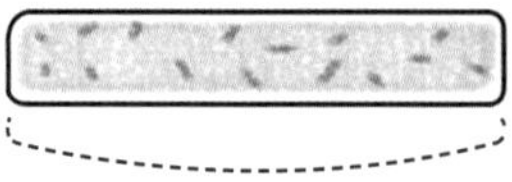

① 스카치 트위드 2겹으로 7mm 바늘에 30코를 만들고 매단마다 첫 코를 거르며 겉뜨기만 해준다. (가터뜨기)

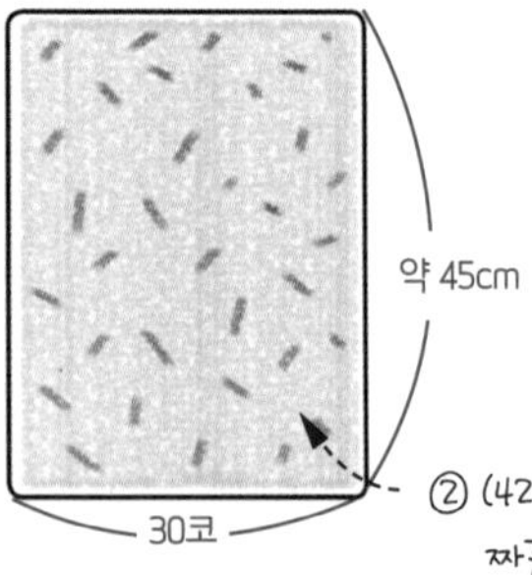

② (42~45cm 정도 짜준다.)

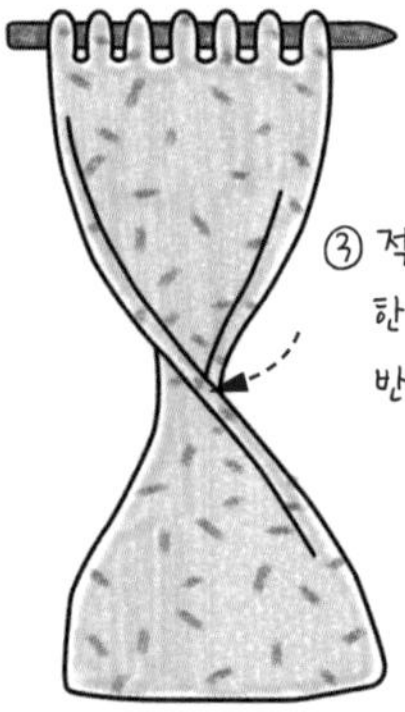

③ 적당히 짜준 후, 한 번 꼰 상태로 반을 접어 준다.

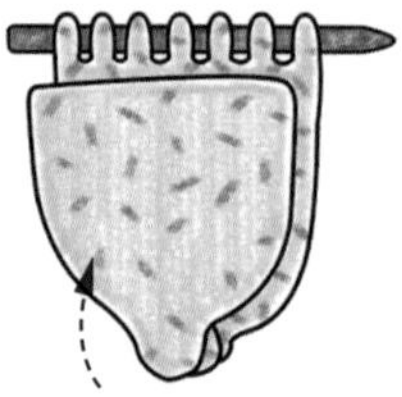

④ 시작했던 부분과 코가 잡혀있는 부분을 겹쳐 덮어씌워 코막음을 해준다.

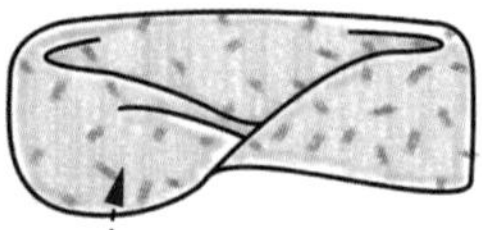

⑤ 뒤집어서 완성!

HOW TO MAKE-2

1. 스카치 트위드 실 두 타래에서 실을 각각 한 가닥씩 뽑아 두 겹으로 일반코 30코를 만들어 겉뜨기만 계속 떠준다.
2. 원하는 길이만큼 뜬 다음 시작코 부분을 잡고 한 번 꼬아서 접는다.
3. 시작코와 겹쳐서 코를 막는다. (영상 참조)

Tip!

· 영상에서 소개되는 김라희식 코막는 방법은 돗바늘 과정을 생략하기 때문에 번거로움이 덜하다.

작품명 | 꼬불 넥 워머

DESIGN

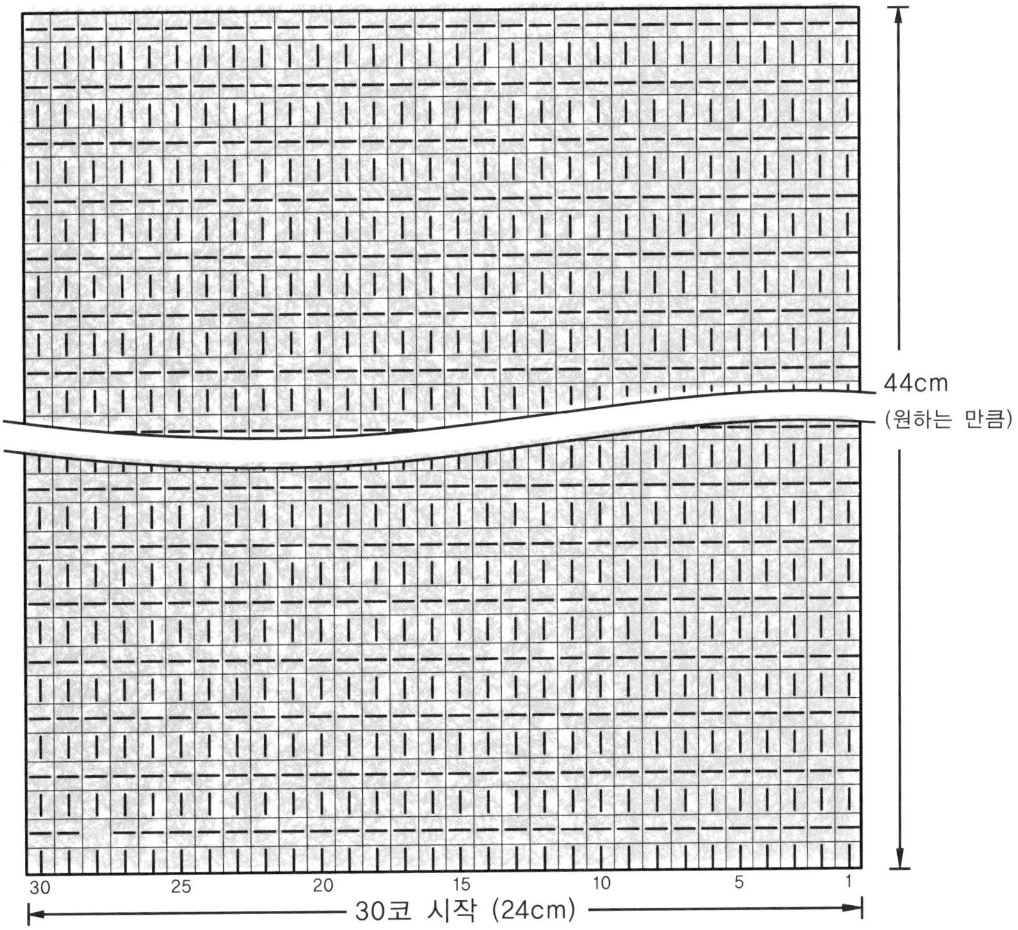

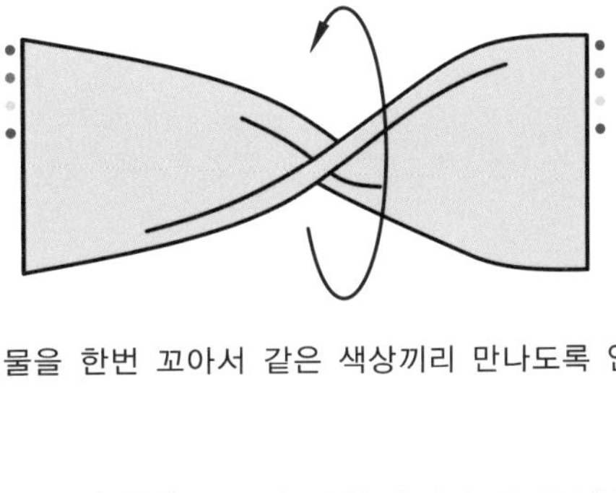

완성된 편물을 한번 꼬아서 같은 색상끼리 만나도록 연결해준다

Big Ribbon Hairband

빅 리본 헤어밴드

사계절 내내 착용하는 트렌디

Big Ribbon Hairband

빅 리본 헤어밴드

실 네코 반볼 (약 25g)

바 늘 줄바늘 3.5mm, 돗바늘

난 이 도 ★½

완성 사이즈 가로 25cm, 세로 9cm

HOW TO MAKE-1

뜨개방식

| 겉뜨기

— 안뜨기

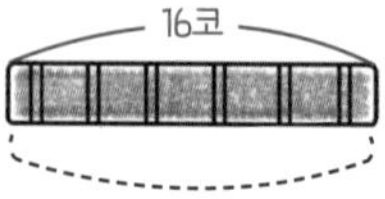

① 3.5mm 바늘로 16코 잡아 두 코 두 단 멍석무늬를 떠준다.
(맨 처음 두 단은 2코 고무뜨기)

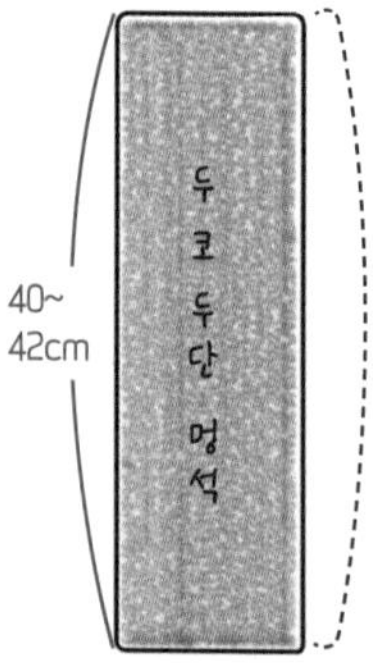

② 두 코 두 단 멍석무늬를 머리에 감싸가며 맞춰 떠준다.

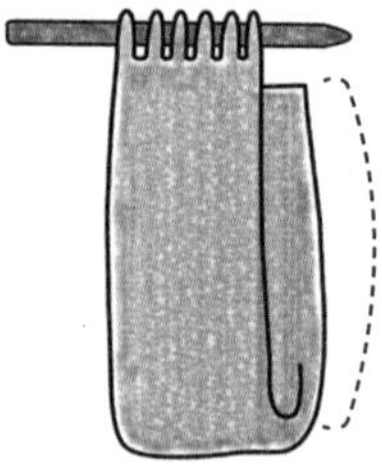

③ 코를 넥워머와 마찬가지로 마무리한다.

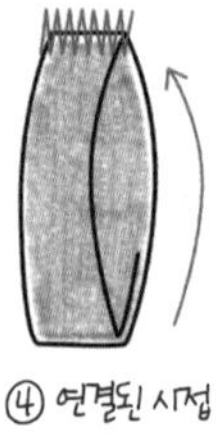

④ 연결된 시접 부분을 잡아 리본을 만든다.

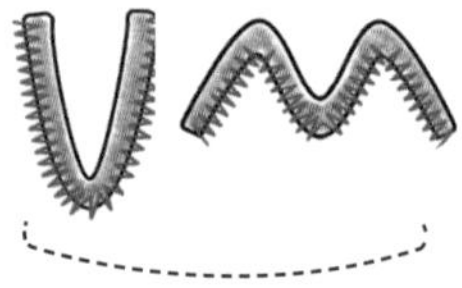

⑤ 연결부위 단면도
(리본모양잡기)

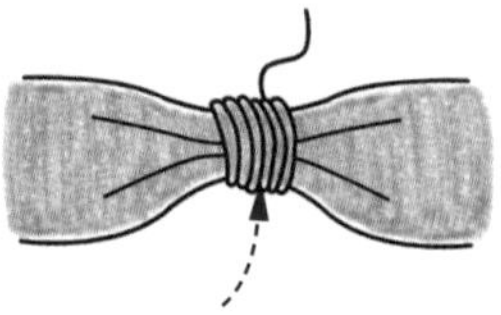

⑥ 실로 접은 부분을 튼튼히 감싸 고정한다.

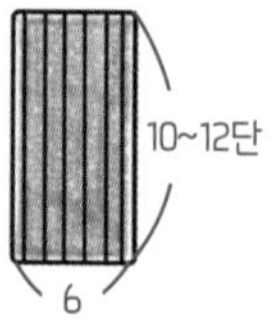

⑦ 새로 메리야스뜨기를 6코를 만들어 실로 감은 매듭 부분에 감쌀 만큼 떠준다.

⑧ ⑦에서 만든것을 매듭 위에 감싸서 안쪽을 꿰매면 완성!

HOW TO MAKE-2

1. 네코 실로 3.5mm 줄바늘에 16코를 만들고 두 코 두 단 멍석무늬를 약 42~45cm 정도로 뜬다.
2. 시작코와 겹쳐서 김라희식 코막음으로 마무리 해준다.
3. 가운데 부분을 남은 실을 이용하여 감아 묶는다.
4. 새로 6코를 잡아 메리야스뜨기를 약 10~12단 떠준 후에 매듭 부분에 감싸 돗바늘로 연결하여 완성한다.

Tip!

· 뜨면서 계속 머리에 둘러보며 사이즈를 맞춰준다.

작품명 | 빅 리본 헤어밴드

DESIGN

같은 색상끼리 김라희식 덮어씌워 코막음 (영상참조)

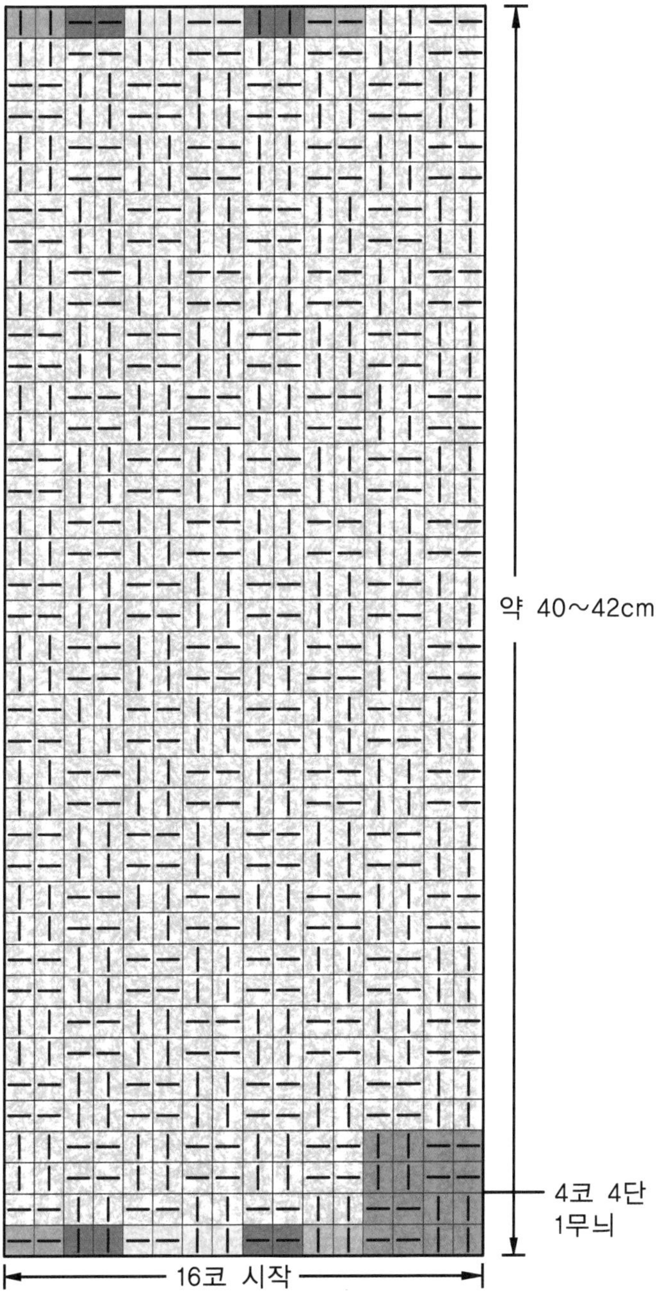

리본 가운데

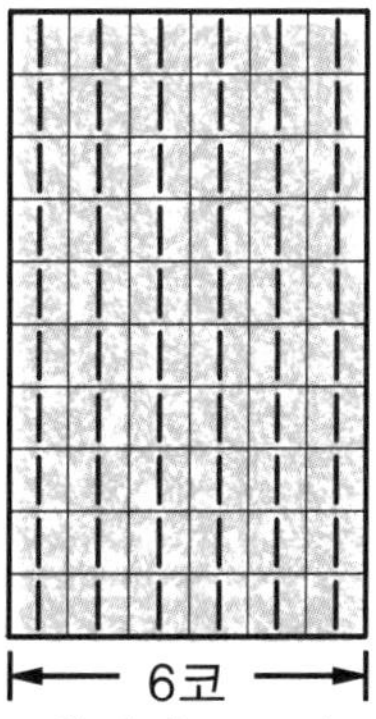

메리야스뜨기

Padded Woven Scarf

도톰 너음 목도리

도톰도톰 한파가 와도 끄떡없어요.

Padded Woven Scarf

도톰 너음 목도리

실	빅 네프 벌키 2타래
바늘	줄바늘 7mm 2개
난이도	★★☆ (2.5)
완성 사이즈	가로 19cm, 세로 85cm

도톰 너음 목도리

HOW TO MAKE-1

뜨개방식

- ▯ 겉뜨기
- ⋏ 왼코 겹치기
- ⋎ 코 늘리기

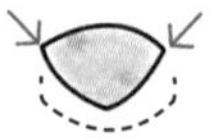

① 3코를 만들어 양쪽늘림으로 2단마다 1코씩 늘려 20코를 만든다.

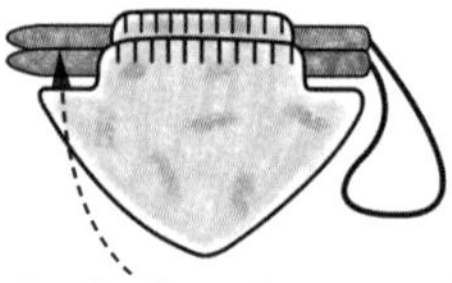

② 다른 바늘 하나를 준비해 20코를 두 개의 바늘에 각각 번갈아가며 10코씩 나누어 옮겨준다.

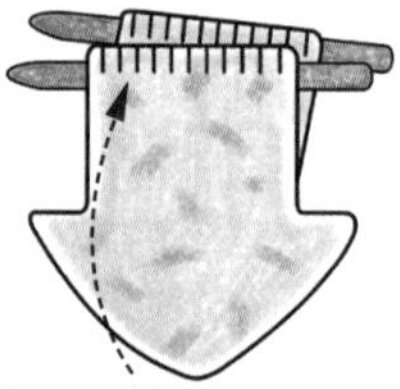

③ 나눈 것을 메리야스뜨기 10단 한다. 이때 실을 새로 연결한다.

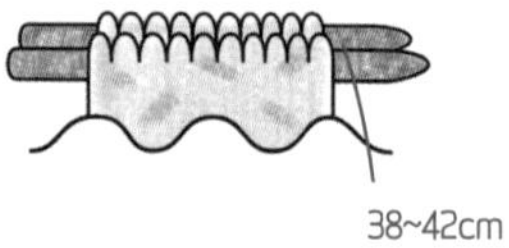

④ 바늘 두 개를 겹쳐잡아 번갈아가며 가터뜨기 한다.

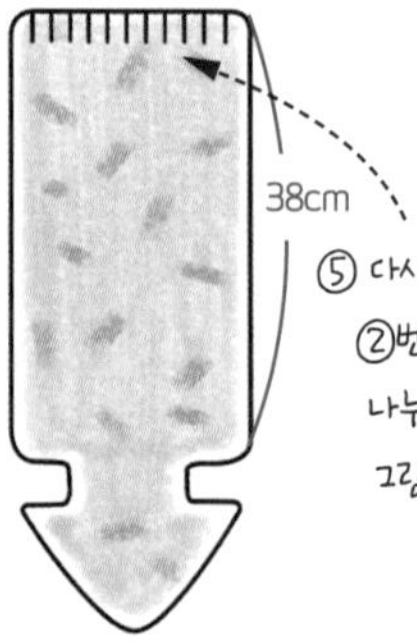

⑤ 다시 10코씩 ②번 그림처럼 나누어 ③, ④번 그림을 반복한다.

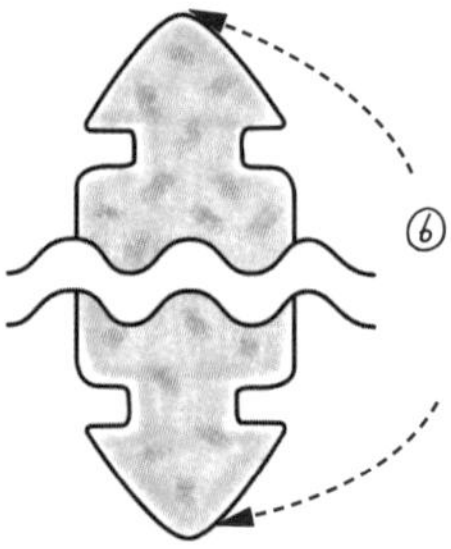

⑥ 양쪽줄임으로 3코가 되면 코막음 하여 완성!

HOW TO MAKE-2

1. 3코를 일반코로 만들고 1단을 겉뜨기로 떠준다.
2. 다음 단에서 가운데 코에서 1코를 늘려 총 4코를 만들고 평단을 한 단 뜬다.
3. 양쪽으로 끝부분에서 각각 1코씩 늘리면서 한 단, 평단으로 한 단을 반복해서 뜬다.
4. 총 20코가 되면 평단을 2단 떠준 후에 무늬를 넣어준다.
5. 5단을 더 뜬 후 다른 바늘에 코를 10코씩 번갈아가면서 옮겨준다.
6. 나눠준 코를 각각 메리야스뜨기 10단으로 떠준다.
7. 다시 코를 합쳐서 20코를 만들어 약 40cm 이상 겉뜨기를 한다.
8. 다시 바늘에 10코씩 옮기기(6번 과정)를 반복한 후 바늘을 겹쳐 평단 5단을 가터뜨기로 떠준다.
9. 2, 3번과 같이 양쪽이 3코가 될 때까지 줄인 후에 마무리한다.

Tip!

· 실을 다른 바늘로 옮길 때 뜬 부분의 반대쪽으로 직물을 옮긴 후 코를 옮기면 실을 자르지 않고 바로 메리야스뜨기를 할 수 있다.

작품명 | 도톰 너음 목도리

3코 코막음
1단 평단

2-1-1(가운데)
2-1-8(양쪽 줄임)

3단 평단
무늬뜨기
5단 평단

20코 만들기 합치기
메리야스 10단 뜨기(콧수 나누기)

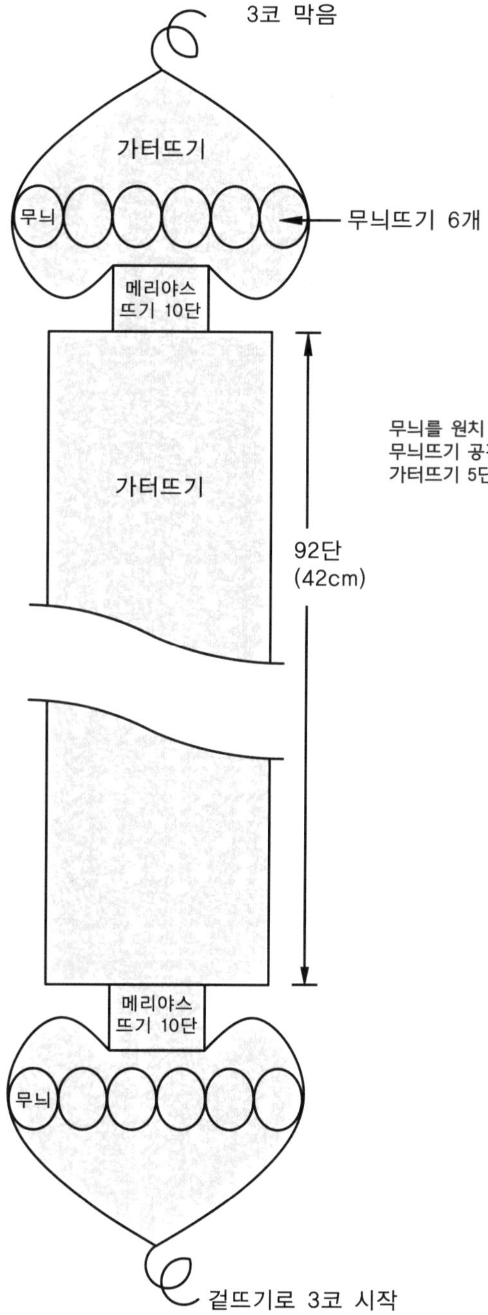

무늬를 원치 않을 시
무늬뜨기 공간에
가터뜨기 5단 해준다.

원하는 만큼 평단
20코 만들기 합치기
10단 메리야스뜨기(콧수 나누기)

5단 평단
무늬뜨기(동영상 참조)
3단 평단

2-1-8 양쪽 늘림 = 20코
2-1-1(가운데 늘림 = 4코가됨)

1단 평단(가터뜨기)
3코 시작

KIM RA HEE
HANDMADE

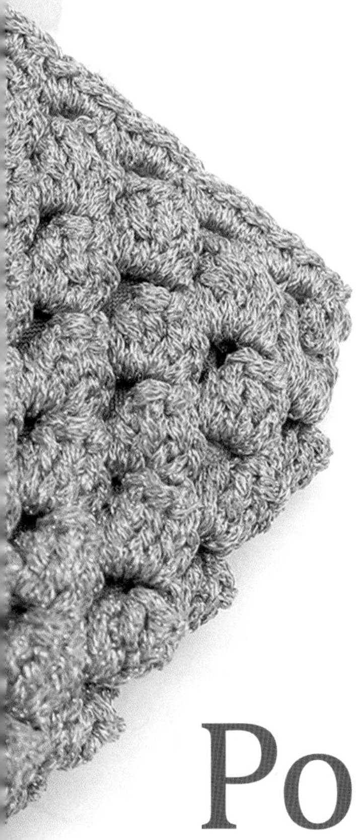

Gold Popcorn Pouch

골드 팝콘 파우치

폭신폭신 화장품을 블링블링하게

Gold Popcorn Pouch

골드 팝콘 파우치

실	리틀 스타 4볼 (약 150g)
바늘	코바늘 모사용 5/0호, 6/0호
난이도	★½
완성 사이즈	가로 24cm, 세로 16cm, 바닥높이 4cm

HOW TO MAKE-1

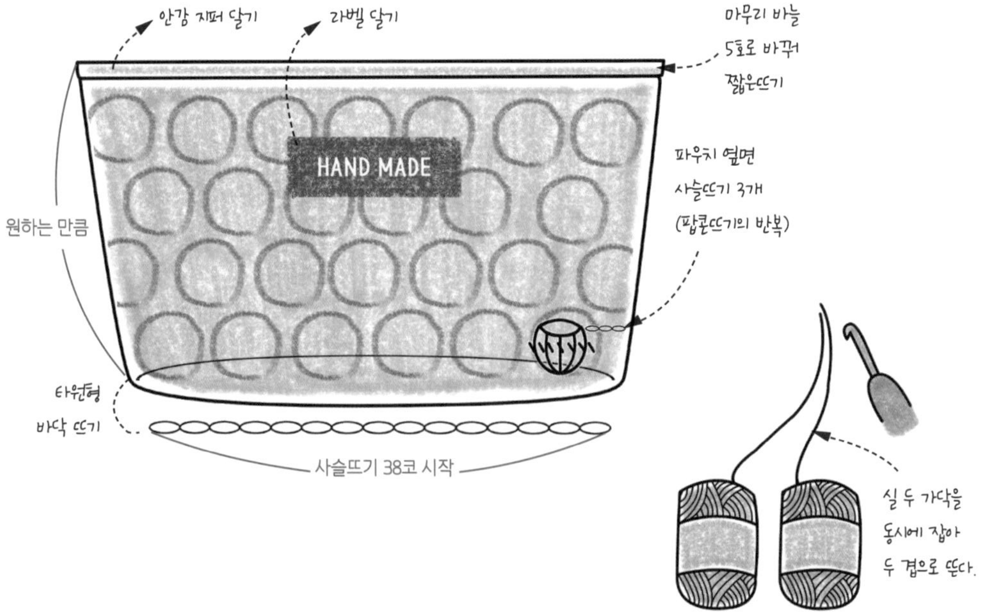

HOW TO MAKE-2

타원형 바닥 뜨기

1. 코바늘 6/0호로 사슬뜨기 38코를 만든다. (사슬뜨기의 갯수를 조절하면 원하는 사이즈가 가능하다.)
2. 각 사슬뜨기마다 짧은뜨기를 뜨고 양쪽 끝부분의 사슬뜨기에서는 각각 짧은뜨기 3코를 넣어준다.
3. 3코를 뜬 끝부분에 각각 2코씩을 넣어 총 6코를 짧은뜨기 해준다. 나머지 직선 부분에서는 한 코에 한 개씩 넣어 짧은뜨기를 뜬다.
4. 3번과 같이 끝부분의 늘였던 부분에 2코씩 추가로 떠준다.
5. 짧은뜨기 한 바퀴를 한 코에 한 개씩 돌려 떠서 빼뜨기로 마무리한다.

파우치 옆면(무늬)

1. 사슬뜨기 3개를 뜬 다음 그 자리에 한길긴뜨기 4개를 뜬다. 바늘을 빼내어 첫 번째 사슬뜨기의 코에 바늘을 꽂은 다음 마지막으로 뜬 한길긴뜨기 코에 넣어 당겨 빼 팝콘뜨기를 만들고, 사슬뜨기 3개를 한다.
2. 3코 건너가서 3번째 코에 한길긴뜨기 5개를 한 코에 다 넣어 뜬 다음 팝콘뜨기로 한 바퀴 돌려 떠준다.
3. 맨 처음 했던 사슬뜨기 3개 한 부분의 3번째 가장 위 사슬뜨기에 빼뜨기한 다음 1번 과정부터 반복하여 원하는 높이만큼 떠준다.
4. 코바늘을 5/0호로 바꾸어 사슬뜨기 한 곳에서만 각 1코씩 3코씩 짧은뜨기를 한 바퀴 돌려 뜬 후 빼뜨기한다.

Tip!

· 리틀스타 실을 사용하면서 연결을 새로 할 경우 단면을 라이터로 그슬려줘야 나중에 올이 풀리지 않는다.

· 바닥을 뜨지 않고 사슬뜨기를 원하는 만큼 한 후에 바로 팝콘뜨기를 하면 바닥이 없는 파우치나 클러치백을 만들 수 있다.

· 동영상 속에서 뜨는 팝콘뜨기는 일반 팝콘뜨기와 다르다. 확실하게 부각되는 팝콘뜨기가 하고 싶다면 뜨개렐라의 기초 기법을 참고하자.

KIM RA HEE
HANDMADE

작품명 | 골드 팝콘 파우치

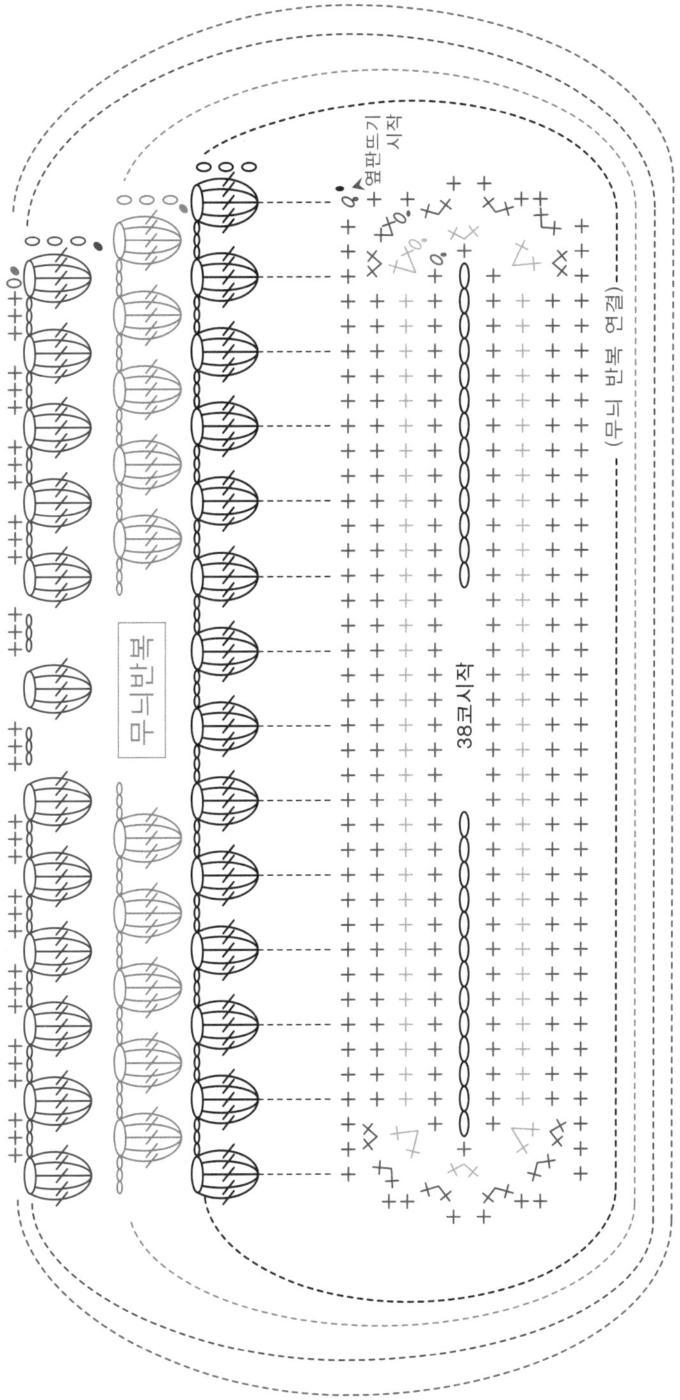

Alpine Hat&Scarf

알프스 소녀 고깔모자 & 2단 너음 목도리

내 머리 위에 작은 정원

Alpine Hat

알프스 소녀 고깔모자

알프스 고깔모자

실	플라워얀 1타래
바늘	줄바늘 6mm, 돗바늘
준비물	표시핀 2가지 색상
난이도	★★★
완성 사이즈	가로 25cm, 세로 22cm

HOW TO MAKE-1

뜨개방식

- | 겉뜨기
- ⋏ 왼코 겹치기
- ⋏ 오른코 겹치기

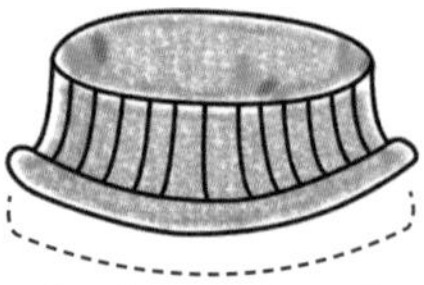

① 코를 만들어 겉뜨기로만 원형뜨기를 원하는 높이 만큼 해준다.(약 12~15cm)

② 원하는 높이 만큼 뜨고 난 후 한 단에 4코씩 줄이며 뜨고, 평단을 1단 뜨고 다음 단에 코를 동일한 위치에서 4코 줄이고, 평단을 뜨면서 반복해 12코가 남으면 돗바늘로 마무리한다.

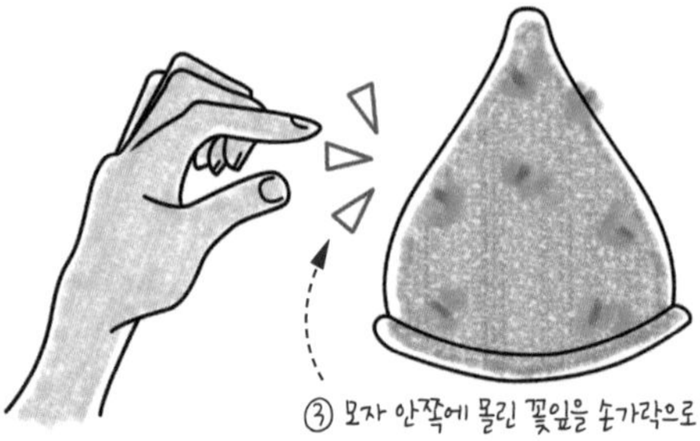

③ 모자 안쪽에 몰린 꽃잎을 손가락으로 뽑아준다.

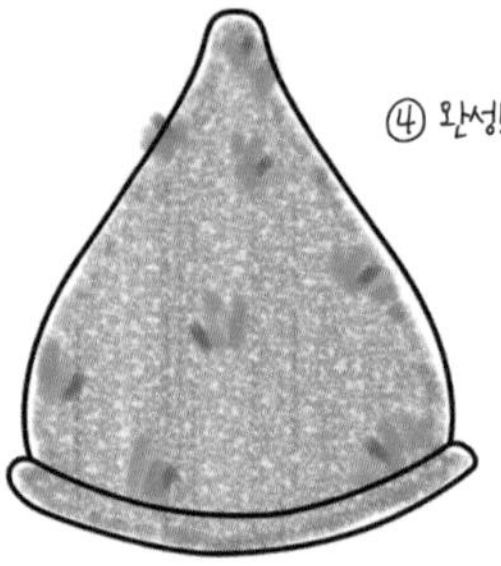

④ 완성!

HOW TO MAKE-2

1. 줄바늘 6mm로 52코를 만든다.
2. 겉뜨기로만 약 12~15cm 정도의 원형뜨기를 뜬다.
3. 양쪽으로 1단에 4코씩 줄이며 마지막 12코가 남으면 마무리한다.
4. 모자 안쪽으로 달린 꽃잎을 겉으로 빼내어 완성한다.

Tip!

· 원형뜨기에서 양쪽을 줄이는 게 상당히 어려울 수 있다. 영상을 보면서 천천히 따라 해보자.

DESIGN

작품명 | 알프스 소녀 고깔모자

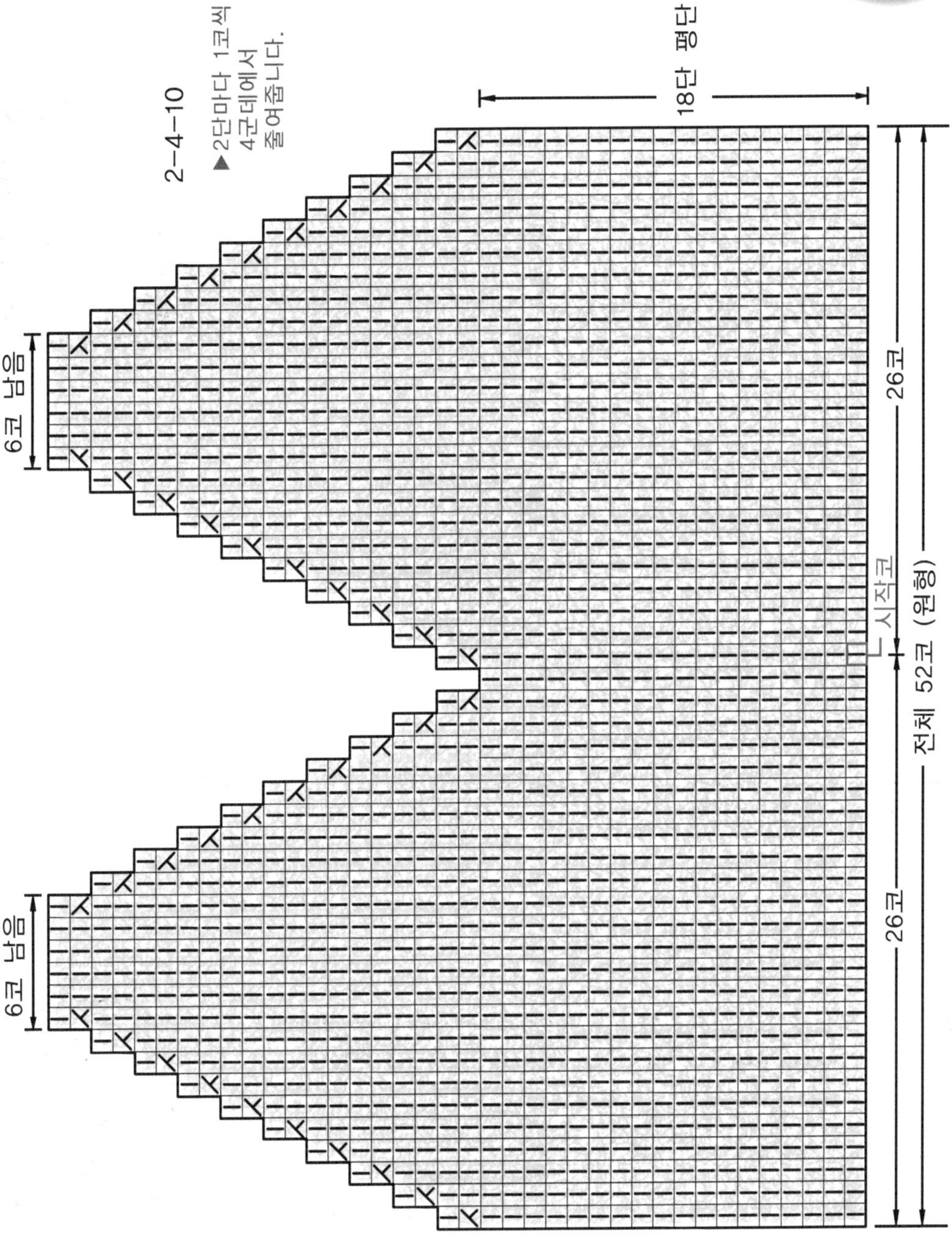

Tip! 꼭 저와 같은 실이 아닌 다양한 실들을 이용 하여 다양한 느낌의 고깔모자를 만들어보실 수 있습니다.

Alpine Scarf

알프스 소녀 2단 너음 목도리

알프스 목도리

실	플라워얀 1볼 (100g)
바늘	대바늘 7mm, 8mm
난이도	★
사이즈	가로 8cm, 세로 75cm

HOW TO MAKE-1

뜨개방식

1 겉뜨기

3 감아코(단춧구멍)

① 75코를 일반코로 잡아 5단을 떠준다.

② 10코를 뜬 후에 11번째 코 6코를 뒤에서부터 덮어씌워 코막음 해준다.

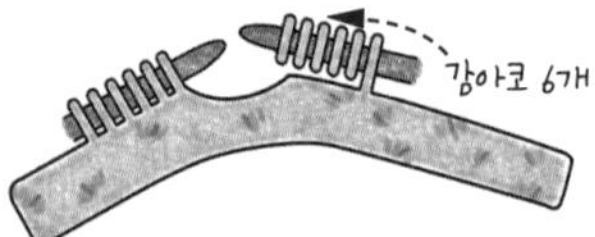

③ 감아코를 6개 만든다.

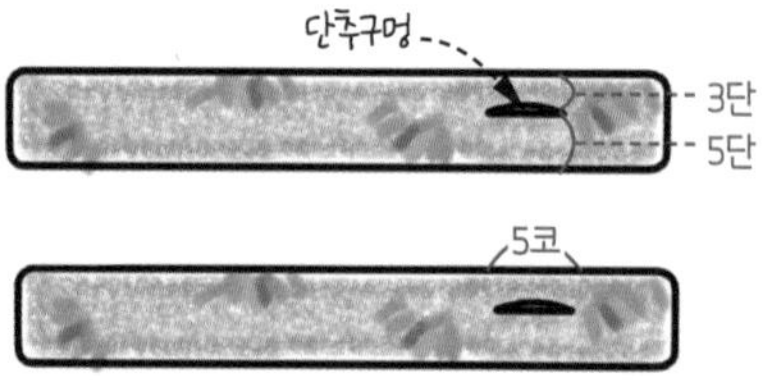

④ 가터뜨기를 3단 더 떠준다.

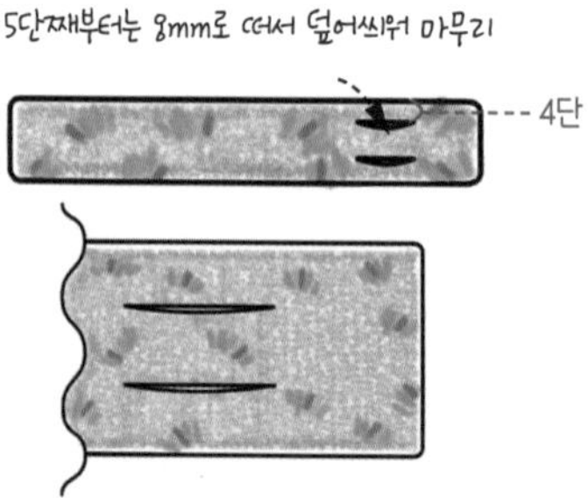

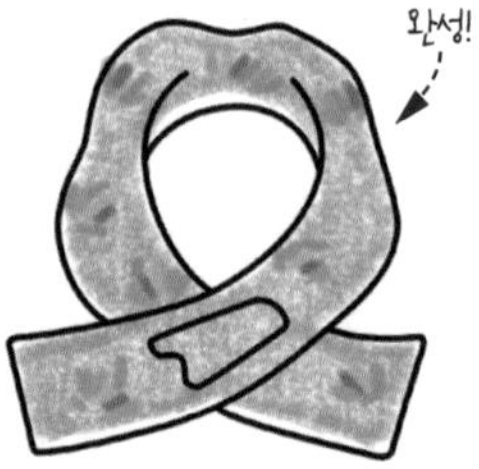

⑤ ③번과 ④번을 한 번 더 반복해준다.(이때 너음 구멍이 같은 방향에 있는지 확인한다.)
4단을 더 떠준 후에 바늘을 큰 사이즈로 바꾸어 한 단을 더 떠주고 마무리한다.

HOW TO MAKE-2

1. 대바늘 7mm로 75코를 만들고 가터뜨기를 5단 뜬다.
   (첫 코는 뜨지 않고 거른다.)
2. 6단 째에서 10코를 뜬 후에 11번째 코부터 6코를 뒤에서부터 덮어씌워 코막음을 해준다.
3. 감아코를 6코 만든 후 가터뜨기를 3단 더 떠준다.
4. 2번과 3번을 반복한다.
5. 4단을 더 뜬 후에 바늘을 8mm로 바꾸어 한 단을 떠준 후에 그대로 8mm로 코막음 하여 마무리한다.

작품명 | 알프스 소녀 2단 너음 목도리

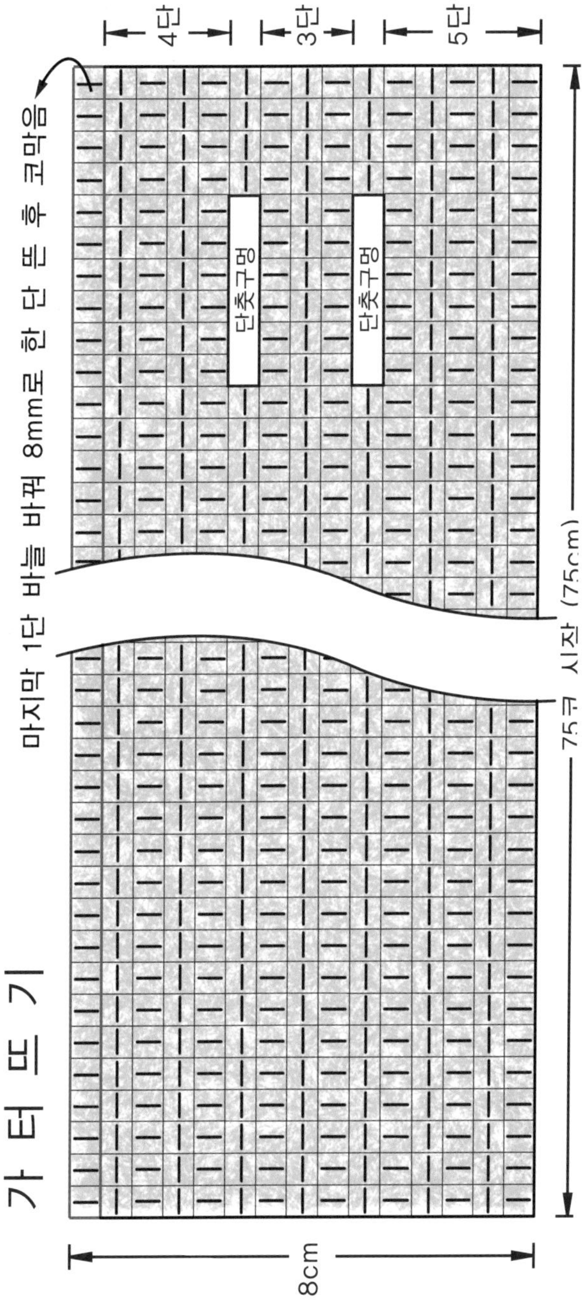

The Tricolor Lug

프랑스 국기 담요

실용성 만점의 부드러운 러그

The Tricolor Lug

프랑스 국기 담요

실	오마이베베 파란색, 하얀색, 빨간색 각각 4볼씩 (1200g)
바늘	줄바늘 8mm, 10mm
준비물	코바늘, 줄자
난이도	★½
완성 사이즈	가로 137cm, 세로 204cm

HOW TO MAKE-1

뜨개방식

1 겉뜨기

① 8mm 줄바늘에 60코 잡아 가터뜨기를 한다. (4타래를 다 소진할 때까지 떠준다.)

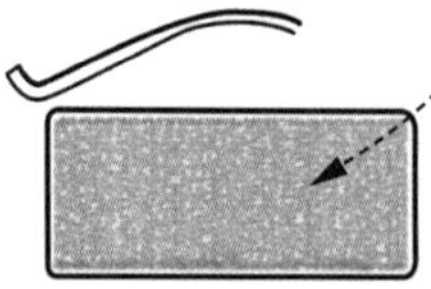

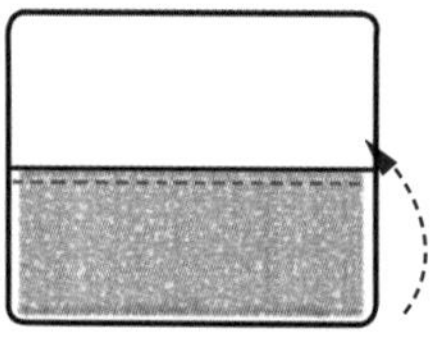

② 하얀 실을 연결해 뜨개를 해준다. 한쪽면은 뜨개 자국이 난다.

③ 바느질 모양으로 실이 보이지 않는 면에서 실을 연결해 떠준다.

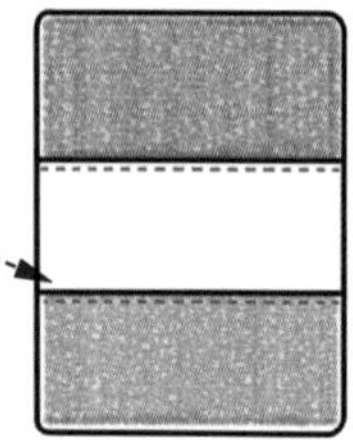

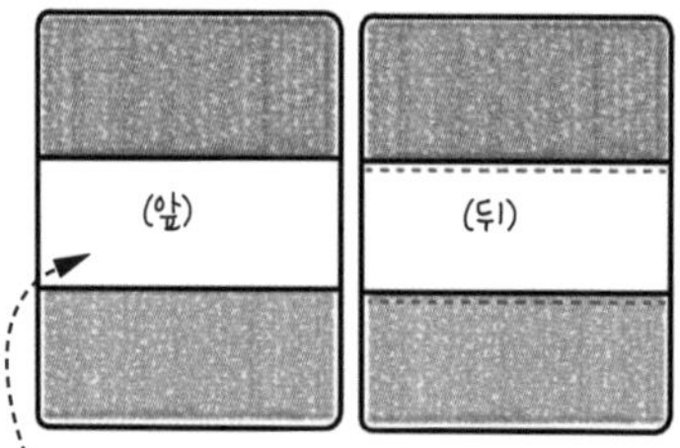

④ 앞부분이 보일 때 실을 연결해야 한다.

⑤ 10mm 대바늘로 바꾸어 일반 덮어씌워 코막음 해주면 완성!

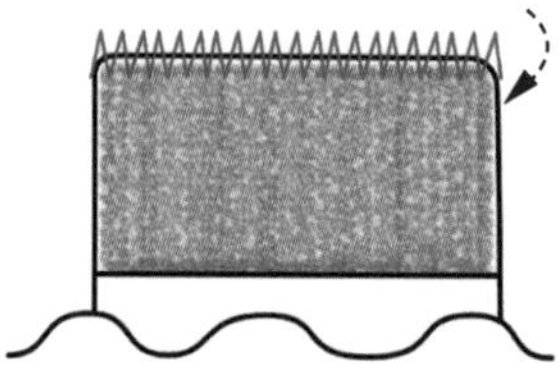

HOW TO MAKE-2

1. 오마이베베 파란색 실을 잡아 일반코로 60코를 만들어 겉뜨기만 한다.
   (파란색 4타래를 다 소진할 때까지 반복한다.)
2. 하얀색 실을 걸어 역시 4타래 다 소진해주고 파란색 실과 높이를 맞추어 준다.
3. 빨간색 실도 마찬가지로 똑같이 하되 마지막 단은 10mm 바늘로 바꿔 떠주고 코 막음도 10mm 바늘로 떠준다.

Tip!

· 단수를 세지 않는 이유 : 오마이 베베와 같은 털이 많은 수면사는 육안으로 단수를 세기 힘들다. 조금 쉽게 cm 단위로 떠보자!

· 하얀색 실은 손을 깨끗이 씻고 뜨개질을 해야 손때가 묻지 않는다.

유튜브 오류 수정

· 마지막에 바늘 사이즈를 바꿔서 떠준다. 그래야 오그라들지 않고 반듯한 담요를 완성할 수 있다.

작품명 | 프랑스 국기 담요

DESIGN

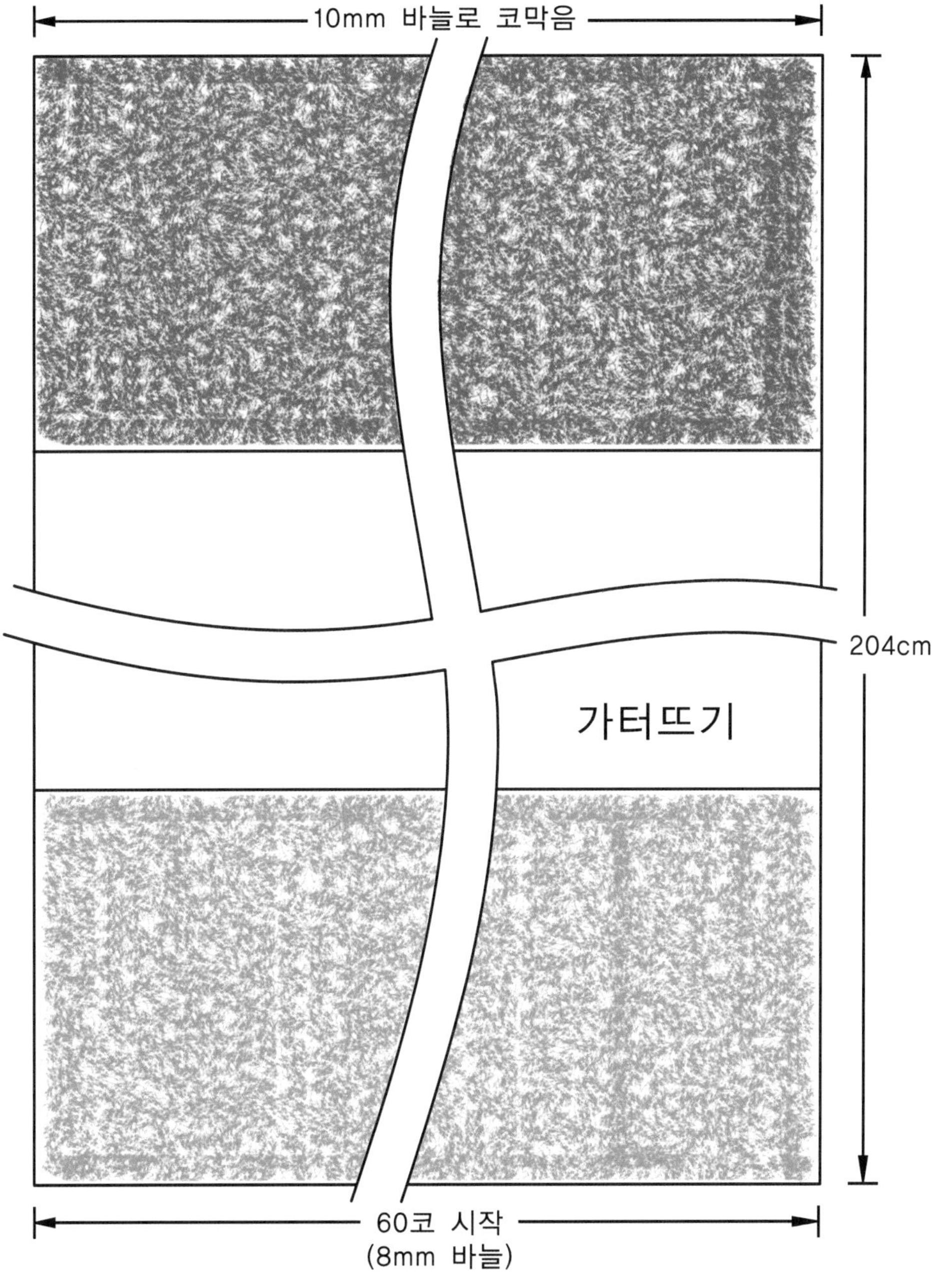

Pussycat Fedora

야옹이 중절모

보송보송 몽실몽실

Pussycat Fedora

야옹이 중절모

실	카니발 부크레 블랙나염 2볼
바늘	줄바늘 6mm, 7mm, 돗바늘
난이도	★
완성 사이즈	가로 28cm, 세로 21cm

HOW TO MAKE-1

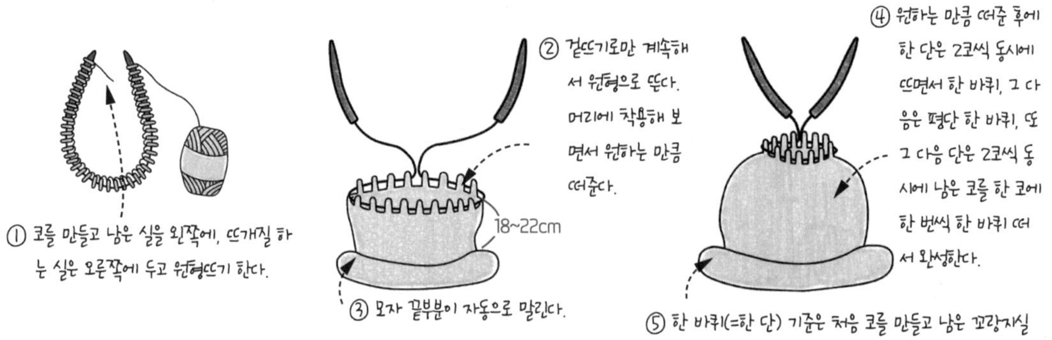

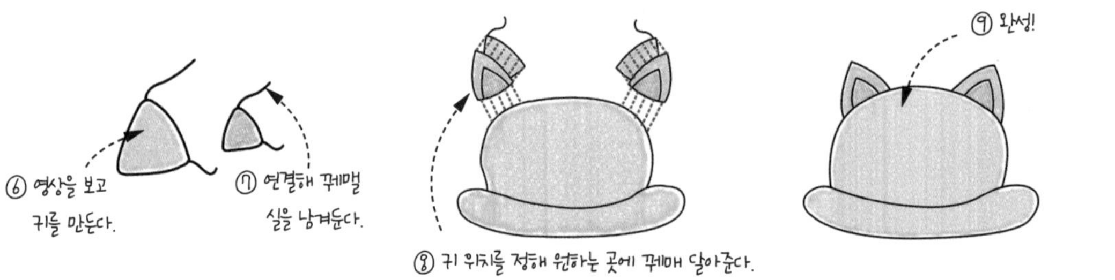

HOW TO MAKE-2

모자 뜨기

1. 카니발 부크레 실 2겹으로 54코를 만들어 겉뜨기로만 20cm 정도의 원형뜨기를 뜬다.
2. 맨 처음의 코를 만들고 남은 꼬리 실을 따라 올라가면 시작코가 보이는데 그 위에 표시를 해준다.
3. 시작코를 중심으로 1단에 2코씩 왼코 겹치기 하면서 한 바퀴를 돌려 떠준다.
4. 평단으로 한 바퀴를 돌려 떠주고 다시 3번의 과정을 반복한다.
5. 마지막으로 평단을 한 번 더 뜨고 돗바늘로 마무리한다.

고양이 귀 만들기

1. 6코를 잡고 도안이나 영상을 참고하여 4개의 귀를 만든다.
2. 줄바늘 6mm와 다른 실을 이용하여 1번과 같은 방법으로 2개의 작은 귀를 만든다.
3. 완성된 1번과 2번을 하나씩 연결하여 돗바늘로 꿰맨다.
4. 완성된 3번과 남은 귀를 겹친 후 돗바늘로 꿰매어 모자에 붙여준다.

Tip!

· 통통한 귀를 만들고 싶다면 뜨개질을 뜨고 남은 실이나 솜을 넣어 통통하게 만들어 붙여준다.

DESIGN

작품명 | 야옹이 중절모

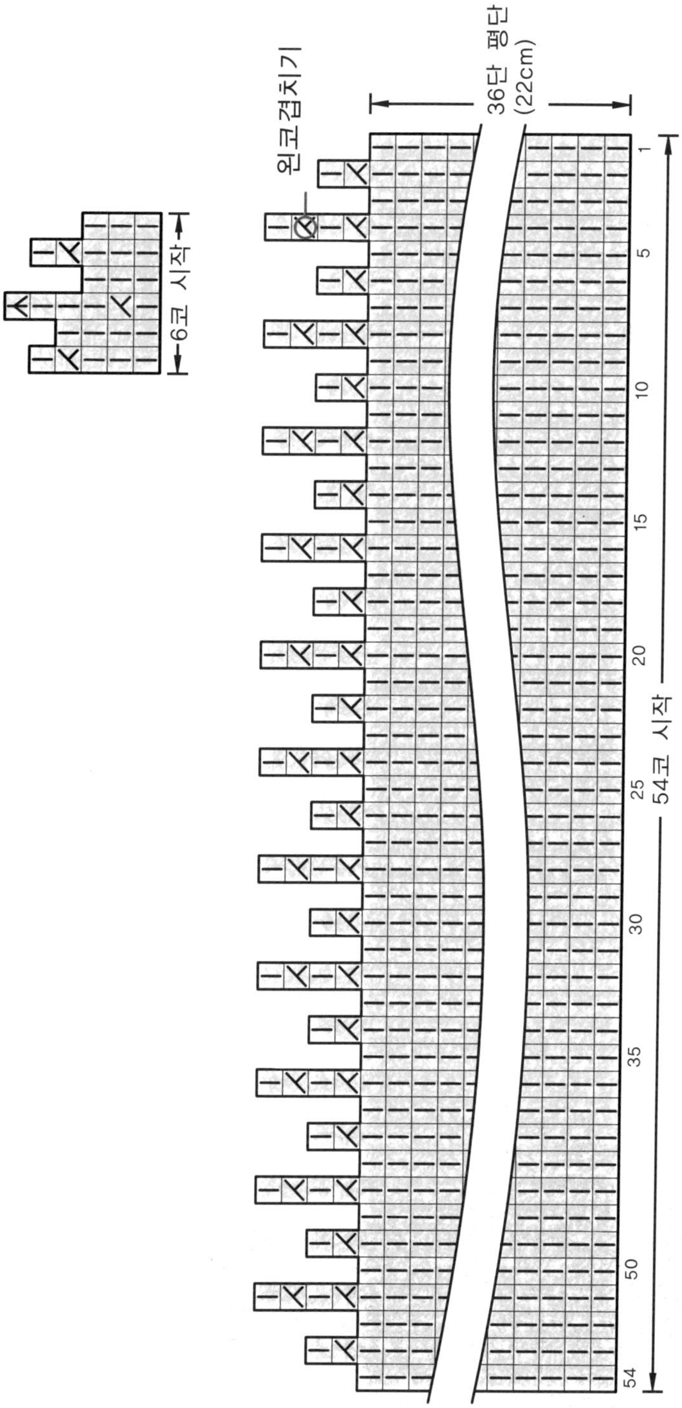

Diagonal Leg Warmer

사선무늬 레그 워머

유튜브에는 없고, 뜨개렐라에만 있다!

Diagonal Leg Warmer

사선무늬 레그 워머

실	해피울 4볼
바늘	줄바늘 3.5mm, 4.5mm
난이도	★★
완성 사이즈	가로 단면 17cm, 세로 37cm, 고무단 부분 가로 10cm

HOW TO MAKE-1

뜨개방식

- | 겉뜨기
- – 안뜨기

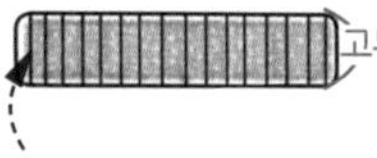

① 3.5mm 바늘로 60 코잡아 한 코 고무단을 떠준다. 고정이 되야 하기 때문에 8단 이상 떠준다.

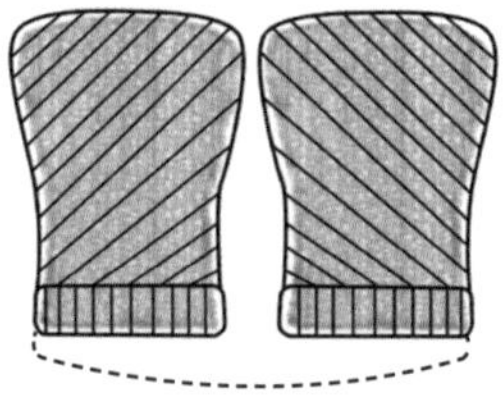

② 바늘을 4.5mm로 바꿔 무늬뜨기를 한다. 다리에 둘러가며 떠주고 반대쪽은 무늬를 반대로 떠준다.

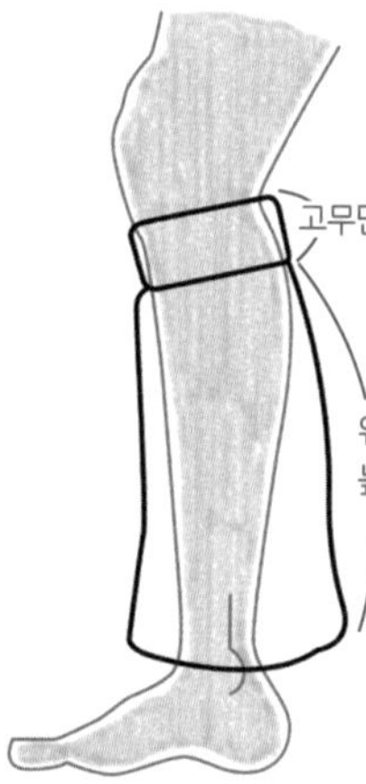

③ 옆면이 안으로 가게 측면을 연결해 뒤집어준다.

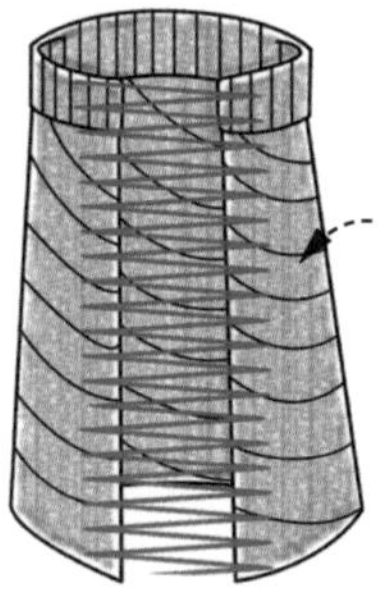

④ 완성!

HOW TO MAKE-2

1. 3.5mm 바늘로 60코를 잡아 1코 고무뜨기를 원하는 만큼 떠준다. 이때 8단 이상을 떠줘야 튼튼한 워머를 완성할 수 있다.
2. 4.5mm 바늘로 바꾸어 겉뜨기 3코와, 안뜨기 1코를 반복하며 무늬의 틀을 잡아준다.
3. 도안대로 무늬를 하나씩 밀려가며 원하는 높이만큼 떠준다.
4. 1코 고무뜨기로 5단까지 뜬 다음 마무리한다.

Tip!

- 양쪽의 무늬가 같지 않도록 도안을 잘 보면서 양쪽을 다른 모양으로 떠준다.
- 레그 워머는 신축성이 중요하므로 1번에서 고무뜨기를 뜰 때 조금 힘을 주어 당기면서 떠준다.

작품명 | 사선무늬 레그 워머 -왼쪽

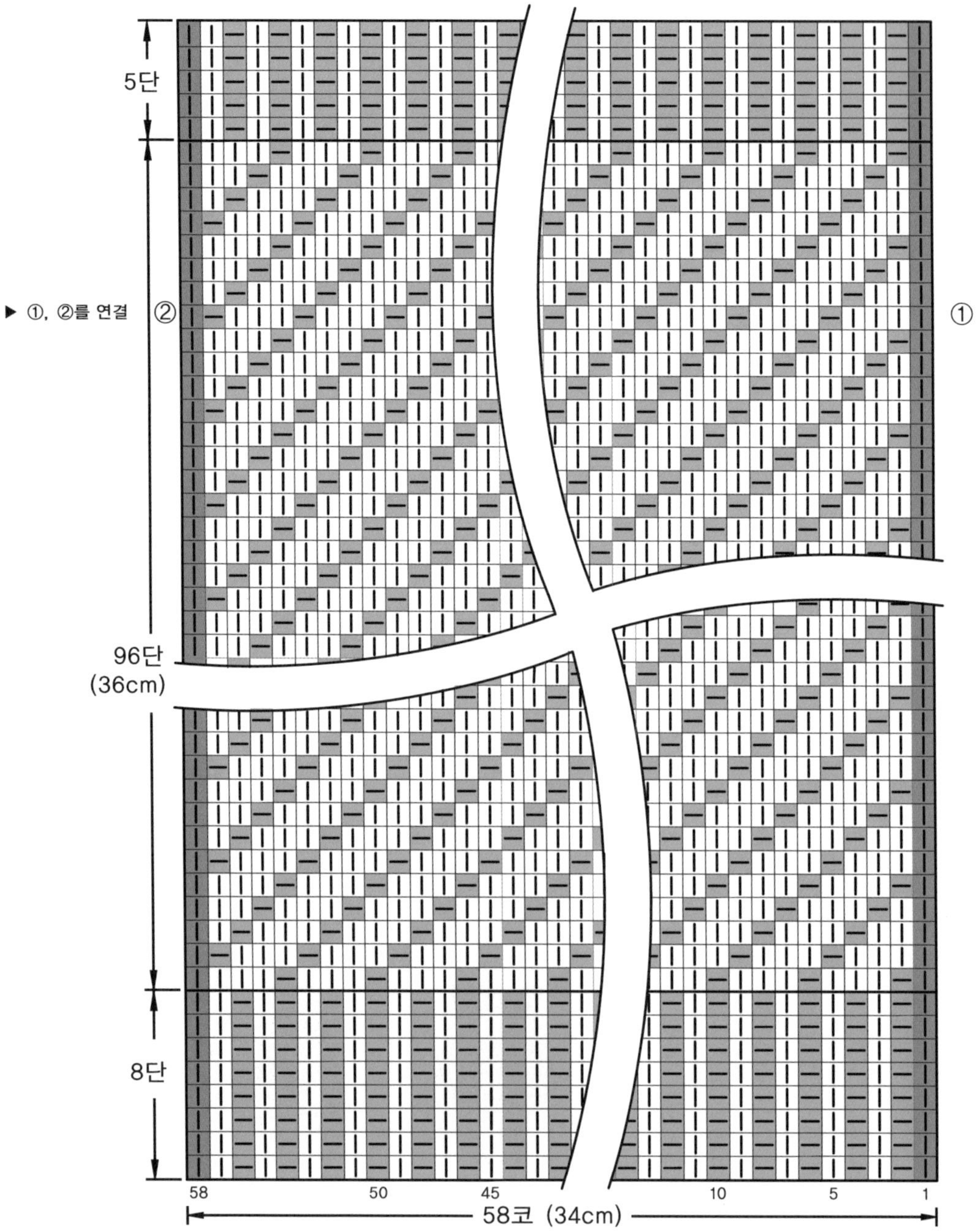

작품명 | 사선무늬 레그 워머 – 오른쪽

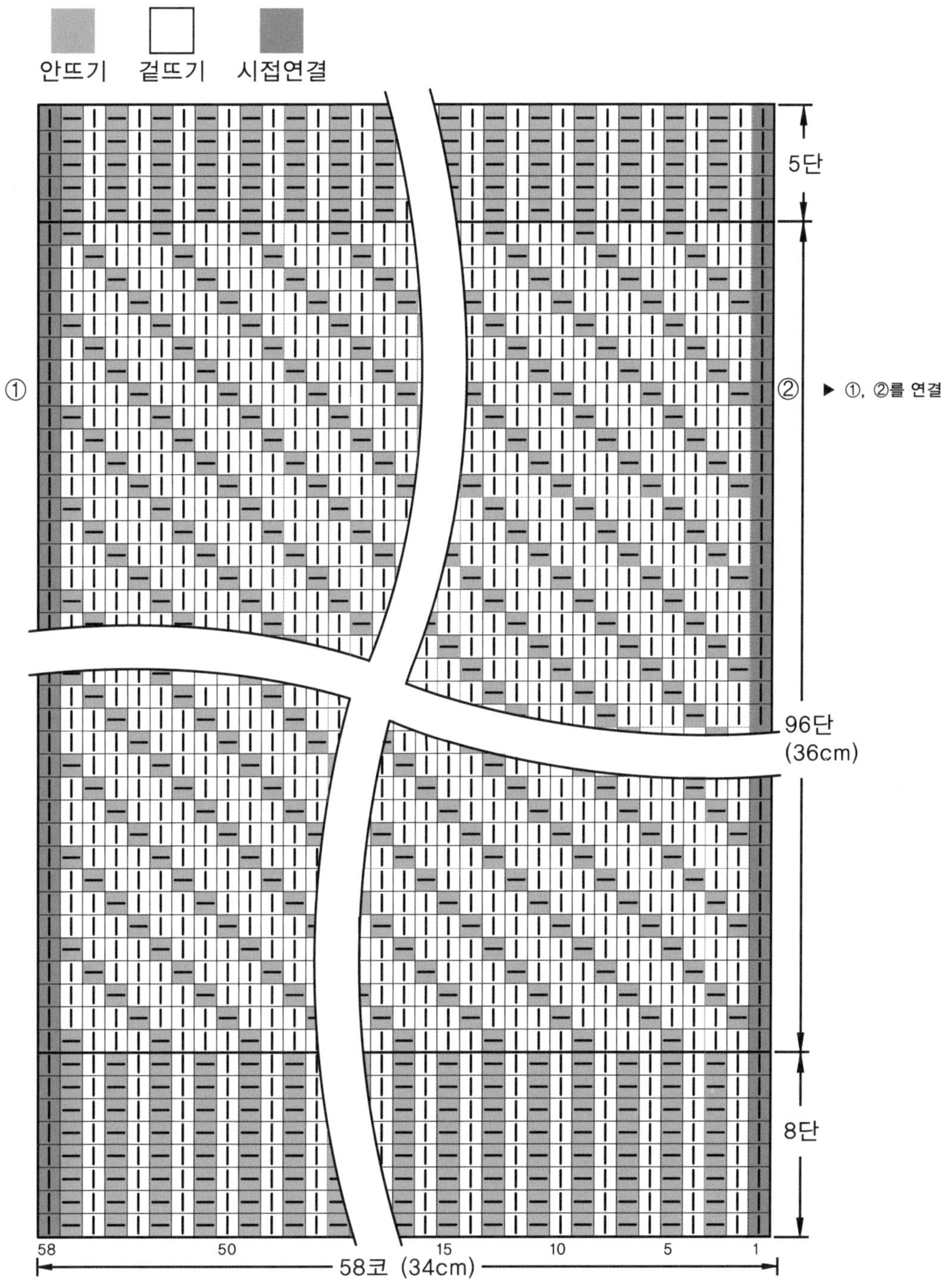

Cotton Candy Fur Neck Warmer

솜사탕 퍼 워머

후끈후끈 심쿵주의

Cotton Candy Fur Neck Warmer

솜사탕 퍼 워머

실	앙고라 퍼 3볼
바늘	줄바늘 8mm
난이도	★
완성 사이즈	가로 21cm, 세로 27cm

HOW TO MAKE-1

뜨개방식
▯ 겉뜨기

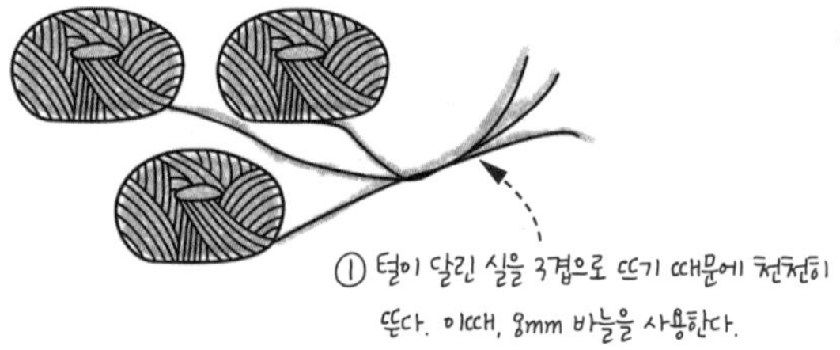

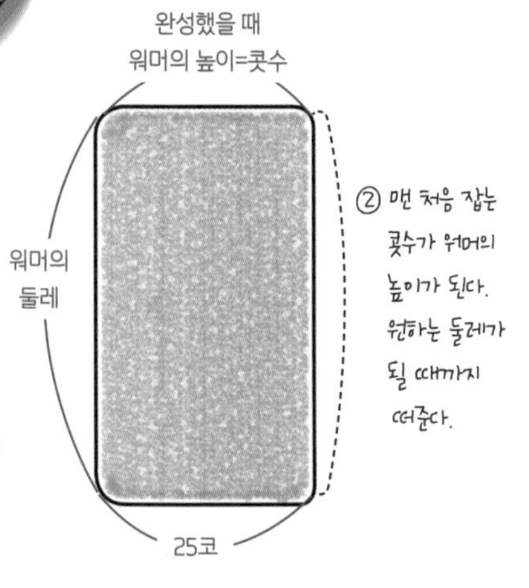

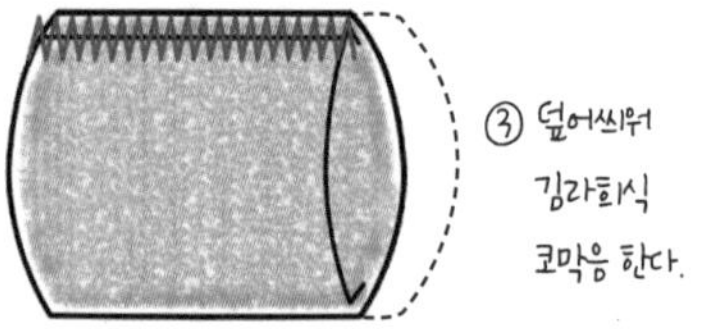

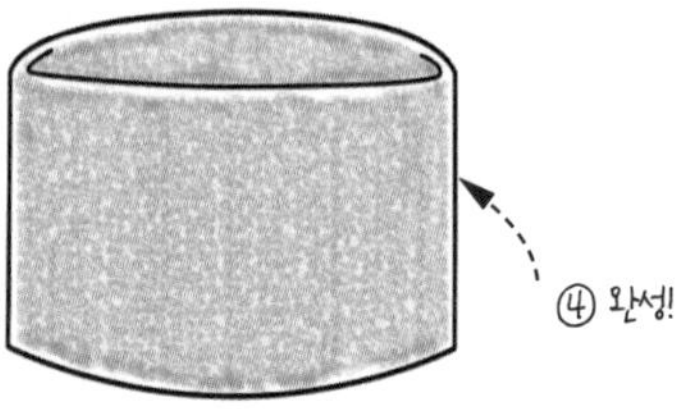

HOW TO MAKE-2

1. 앙고라 퍼 실을 3겹으로 잡아 25코를 만든다.

2. 40~42cm 정도 원하는 만큼 가터뜨기를 뜬다.

3. 반으로 접어서 시작과 끝부분이 겹치게 하여 코를 막는다.

Tip!

· 코막음을 하기 전에 코를 막을 수 있는 만큼의 실을 남겨 두고 완성한다. 콧수에 따라 워머의 높이가 조절된다.

· 워머가 목에 너무 꼭 끼어 약간 타이트하다는 느낌을 받을 수 있다.

· 가터뜨기는 신축성이 뛰어난 뜨개질 기법이기 때문에 워머 착용을 하다 보면 워머가 약간 늘어나게 된다.

· 앙고라 실 자체에도 탄성이 있어 처음에는 약간 꼭 낀다는 느낌으로 떠주는 게 좋다.

· 입구 둘레는 생각하는 것보다 살짝 작게 뜨고 가터뜨기는 신축성이 좋고 잘 늘어난다.

작품명 | 솜사탕 퍼 워머

DESIGN

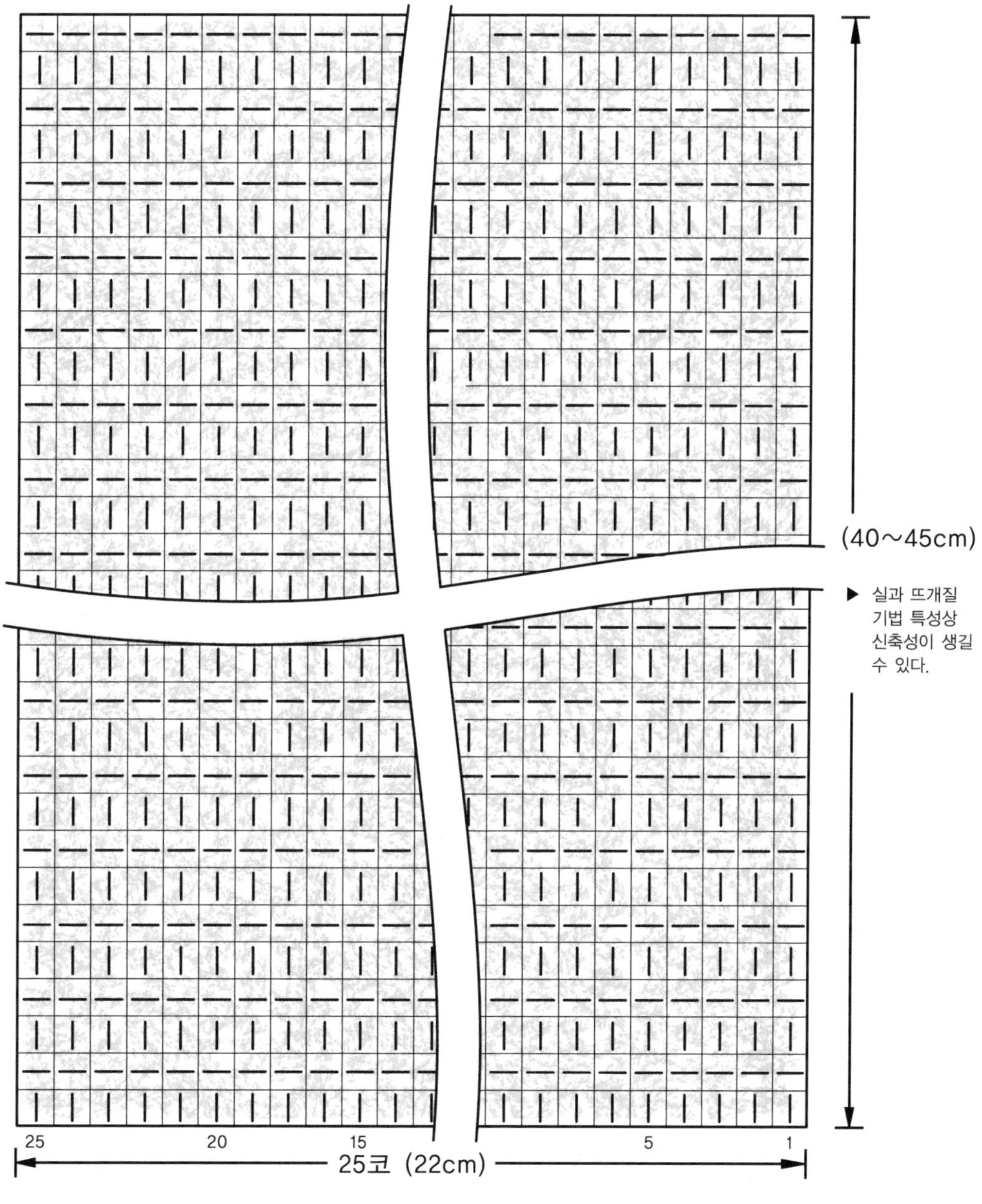

Kim Ra Hee

Fabric Yarn Basket

패브릭 얀 배색 튼튼 뜨개바구니

튼튼한 바구니 하나 만들어 볼까요?

Fabric Yarn Basket

패브릭 얀 배색 튼튼 뜨개바구니

패브릭 얀 바구니

실	져지얀 3타래 (브라운색 2 / 딥브라운색 1)
바늘	코바늘 모사용 12mm
난이도	★★☆
완성 사이즈	바닥 33cm, 높이 17cm

HOW TO MAKE-1

뜨개방식

- ○ 사슬뜨기
- + 짧은뜨기
- • 빼뜨기

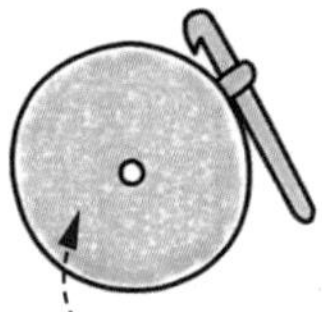

① 원형뜨기(짧은뜨기)를 원하는 만큼 떠준다.

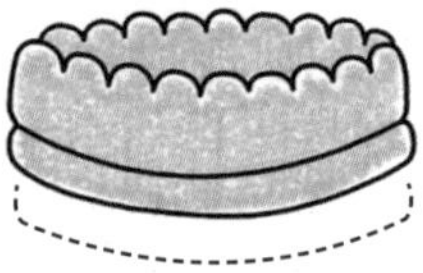

② 원하는 바구니의 바닥 사이즈가 되었으면 코를 늘리지 않고 코마다 짧은뜨기를 해준다.

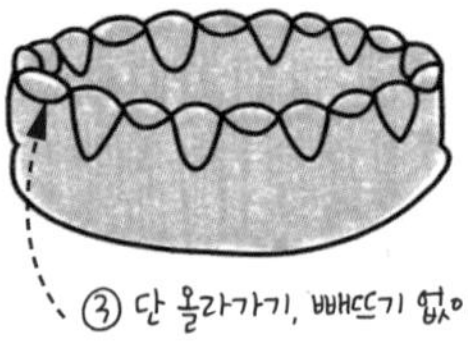

③ 단 올라가기, 빼뜨기 없이 겹짧은뜨기 해준다.

④ 원하는 만큼 뜬 후, 실 색상을 바꿔 손잡이까지 떠준다.

⑤ 손잡이 부분 만큼 사슬뜨기를 하고, 사슬뜨기 개수만큼 건너간 후에 또 짧은뜨기 한 후, 다시 사슬뜨기를 해준다.

⑥ 마지막으로 각 코마다 짧은뜨기해서 마무리하면 완성!

HOW TO MAKE-2

1. 짧은 뜨기 8코를 시작으로 원형뜨기 한다.
2. 꼬랑지 실을 잡아당겨 원을 만들고, 처음 짧은뜨기를 했던 코에 빼뜨기 한다.
3. 각 코마다 2코씩 짧은뜨기를 떠서 총 16코를 만들어 원형뜨기를 해준다.
4. 원형뜨기 기법으로 원하는 크기만큼 바닥면을 떠준다.
5. 바닥면이 완성되었으면 한 코에 한 번씩 짧은뜨기 해준다.
6. 겹짧은뜨기로 원하는 높이만큼 뜬 다음 실을 바꾸어 배색한다.
7. 손잡이 부분을 사슬뜨기로 뜬 후 사슬뜨기 개수만큼 건너가 짧은뜨기로 한 단을 떠준다.
8. 마지막 사슬뜨기를 포함하여 짧은뜨기를 한 바퀴 돌려 떠주어 완성한다.

Tip!

- 이중짧은뜨기는 빼뜨기로 단을 올리면 외형적으로 티가 많이 나기 때문에 굳이 일부러 빼뜨기를 하지 않고 떠준다.
- 짧은뜨기와 이중짧은뜨기는 기법이 달라서 사이즈에서도 차이가 난다. 생각보다 조금 더 넓어질 수 있기 때문에 4~5바퀴 정도 더 뜨다 보면 바구니의 측면처럼 올라가게 된다.
- 겹짧은뜨기는 이중짧은뜨기 혹은 코바늘멍석뜨기라고도 한다.

작품명 | 패브릭 얀 배색 튼튼 뜨개바구니

DESIGN

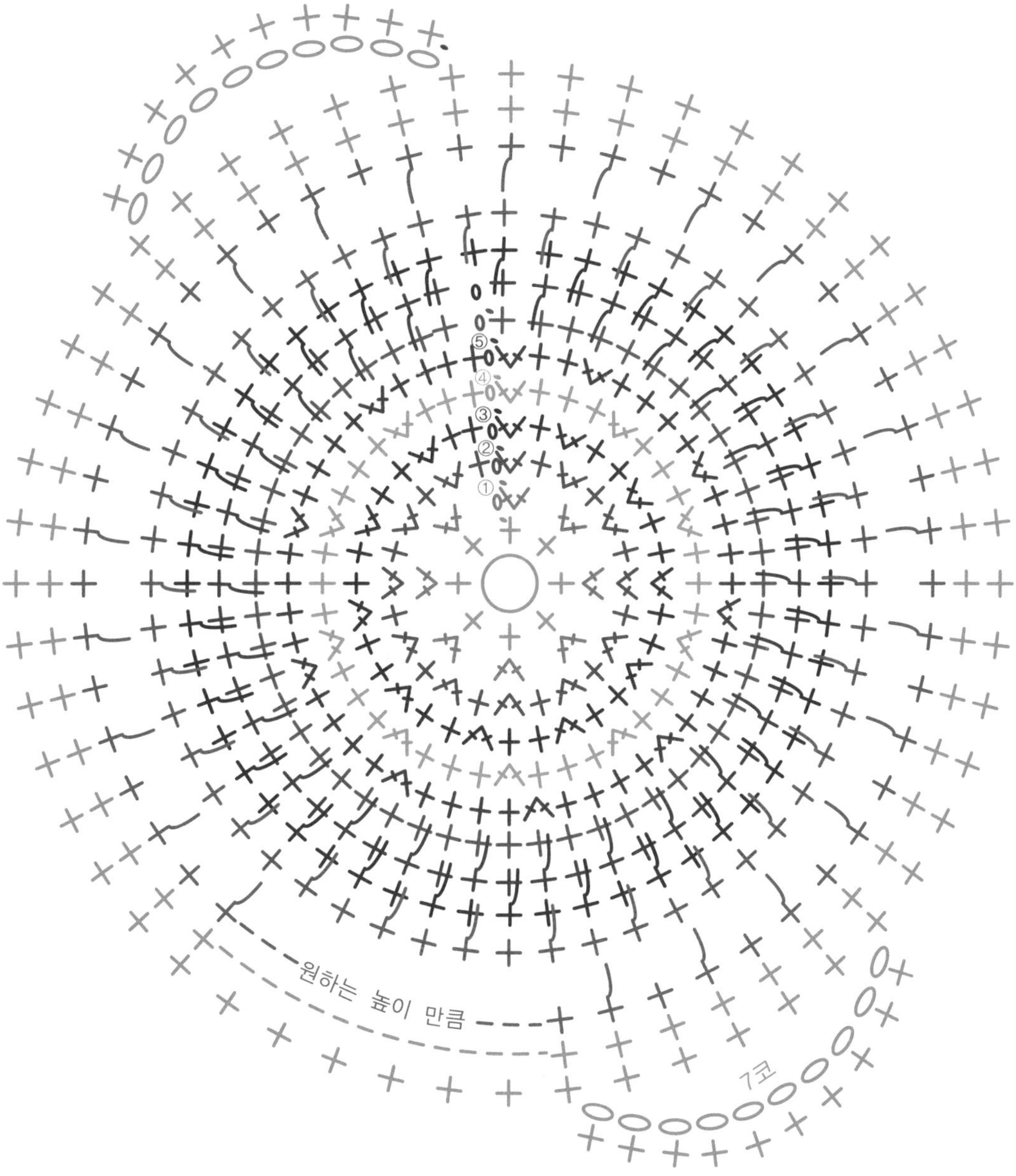

Teddy Bear Hooded Neck Warmer

곰돌이 후드 넥워머

포근함에 귀여움을 더했다

Teddy Bear Hooded Neck Warmer

곰돌이 후드 넥워머

실	포니 2볼
바늘	줄바늘 5.5mm, 7mm, 돗바늘
난이도	★½
완성 사이즈	가로 29cm, 높이 47cm

곰돌이 후드 넥워머

HOW TO MAKE-1

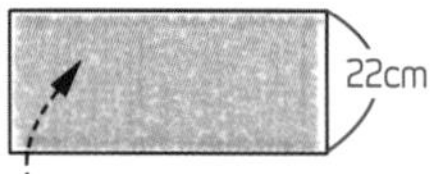

① 5.5mm 바늘에 76코 잡아 원하는 넥워머 높이만큼 가터뜨기를 한다.

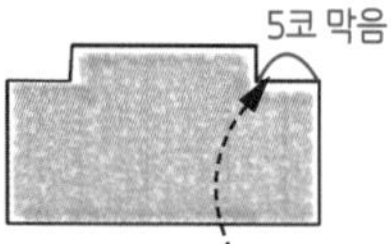

② 양쪽 코막음으로 5코씩(총 10코) 막고 평단 5단 떠준다.

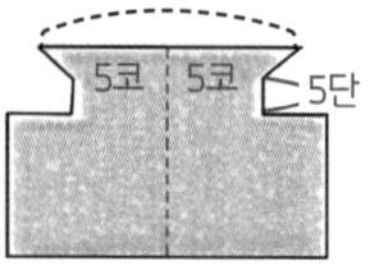

③ 양쪽이 대칭이 되도록 각각 5코씩 2단마다 1코씩 양쪽늘림 해준다.

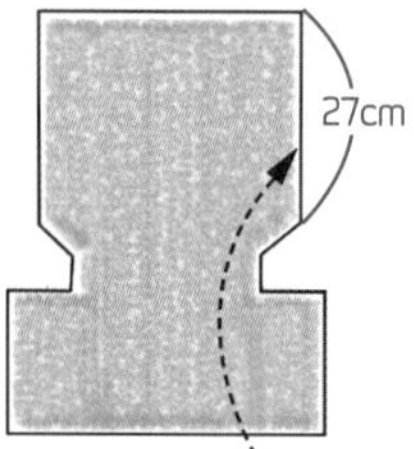

④ 평단을 떠서 총 모자 부분의 높이가 27cm가 되게 뜬 후 코막음 한다.

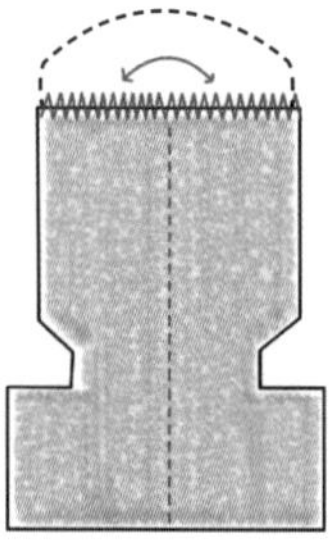

⑤ 반으로 접어 모자의 윗부분을 겹쳐 꿰매어 연결한다.

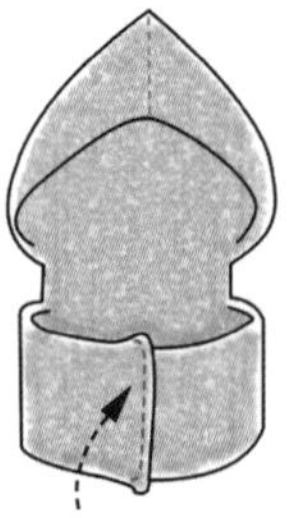

⑥ 넥워머 부분을 포개어 바느질을 해준다.

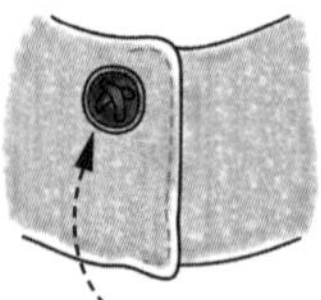

⑦ 접은 부분에 단추를 달아준다. (생략 가능)

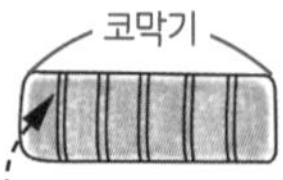

⑧ 7mm 바늘에 실 2겹으로 12코 잡아 1코 고무뜨기 3단을 뜬 후 코막음 한다.

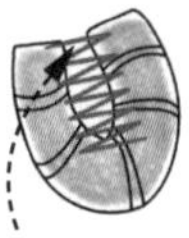

⑨ 코막은 부분끼리 겹쳐 꿰매어 귀를 만든다.

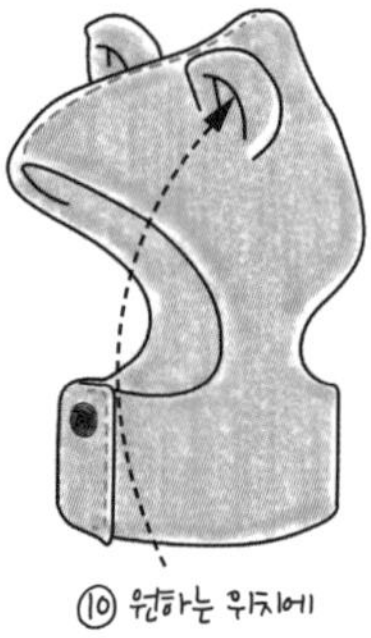

⑩ 원하는 위치에 귀를 달아 완성!

HOW TO MAKE-2

넥워머 만들기

1. 줄바늘 5.5mm로 76코를 만들고 가터뜨기를 약 22cm 정도 떠준다.
2. 양쪽으로 각각 5코씩 코를 막아 66코를 만들어 준다.
3. 평단을 5단 뜬다.
4. 33코씩 나누어 중간에서 코를 늘리는 기법으로 1~2단마다 2코씩 늘여 다시 76코를 만들어 준다.
5. 넥워머를 제외한 모자의 높이를 27cm로 뜬다.
6. 코막음을 하고 해당 부분을 반으로 접어 돗바늘로 꿰매어 준다.
7. 모자와 넥워머를 연결해서 꿰맨 다음 단추를 달아 마무리한다.

귀 만들기

1. 실을 두 겹으로 잡아 줄바늘 7mm로 12코를 만든다.
2. 1코 고무뜨기를 3단 뜬 다음 코막음을 한다.
3. 같은 방법으로 하나 더 만들어 두 개의 귀를 완성한다.
4. 그림과 같이 접어서 돗바늘로 꿰맨 다음 원하는 위치에 달아준다.

작품명 | 곰돌이 후드 넥 워머

DESIGN

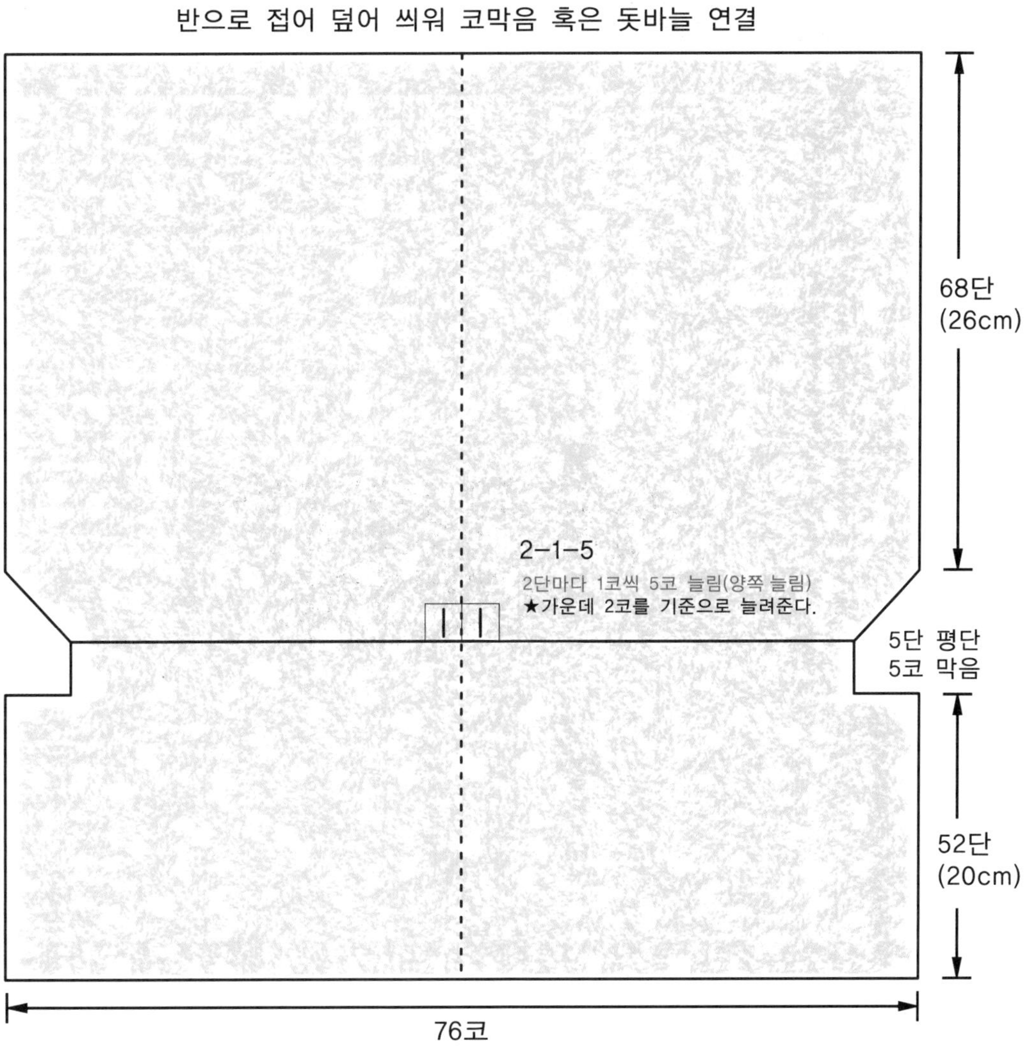

Magic Twisted Beanie

요술 꽈배기 비니

어린이부터 어른까지 쓰는 프리사이즈

Magic Twisted Beanie

요술 꽈배기 비니

실	칼리오페 1타래 반 (약 65g)
바늘	줄바늘 4mm, 돗바늘
난이도	★★★
완성 사이즈	가로 22, 높이 20

요술 꽈배기 비니

HOW TO MAKE-1

뜨개방식

- | 겉뜨기
- – 안뜨기
- %% 교차뜨기
- ⋏ 왼코 겹치기
- ⋋ 오른코 겹치기

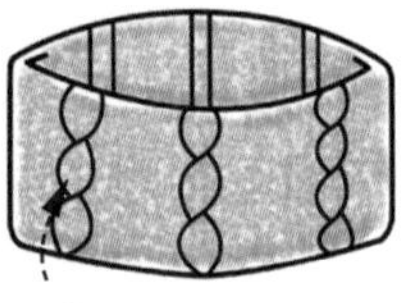

① 무늬를 넣어 떠준다.(114코)

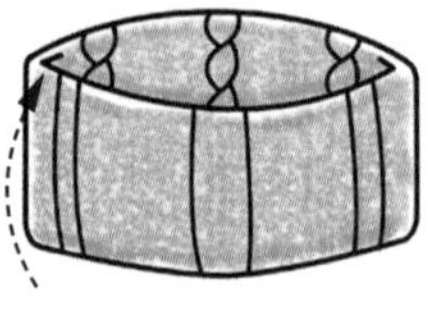

② 접고싶은 곳까지 다 뜨고 나면 뜨던 편물을 뒤집어준다.

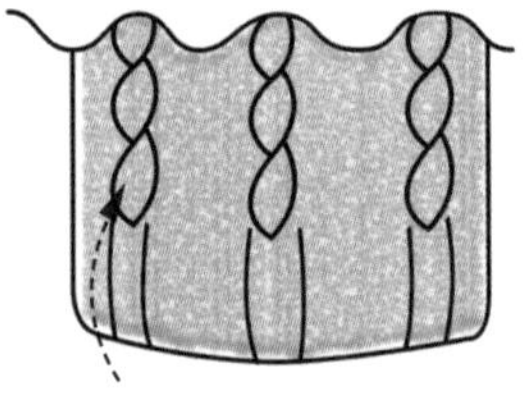

③ 첫 번째 그림과 마찬가지로 무늬를 계속 떠준다.

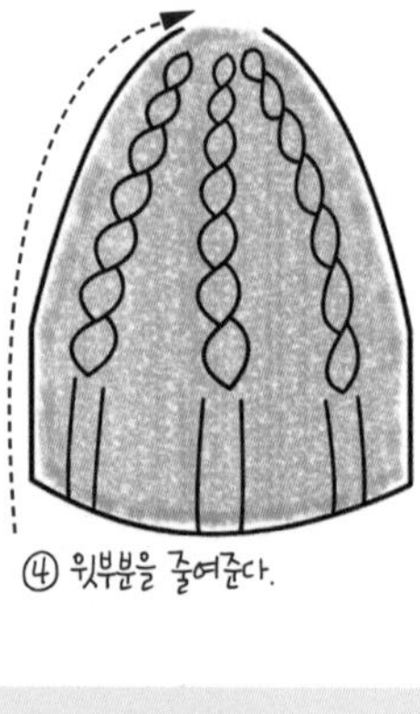

④ 윗부분을 줄여준다.

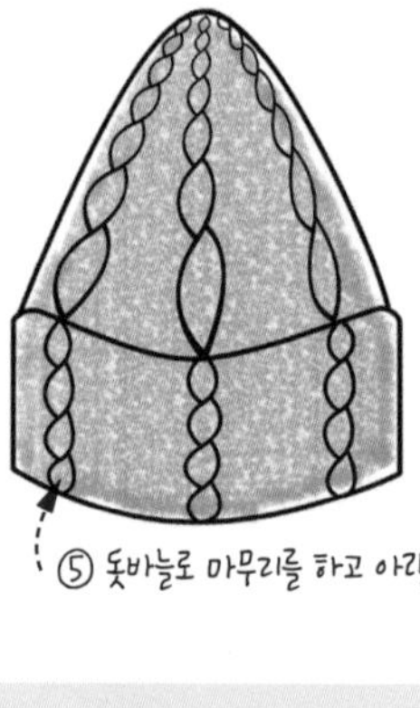

⑤ 돗바늘로 마무리를 하고 아랫부분을 뒤집어 꽈배기 무늬가 보이도록 하면 완성!

HOW TO MAKE-2

1. 일반코로 114코를 만들고 원형뜨기로 겉뜨기 4개와 안뜨기 2개를 번갈아가며 뜬다.
2. 3단 째에서 겉뜨기 부분에 2코 교차뜨기(꽈배기무늬)를 해준다.
3. 하단의 접는 부분까지 4단마다 꽈배기 무늬를 넣어가며 원형뜨기를 한다.
4. 직물을 뒤집어 3번과 같은 방법으로 무늬를 넣어가며 뜬다.
5. 하단을 접고 난 후의 모자의 높이가 약 17cm가 되도록 뜬다.
6. 안뜨기 부분을 2코 모아뜨기하여 콧수를 줄인다.
7. 꽈배기 무늬를 2번 더 넣는다.
8. 겉뜨기 부분에서 왼코 겹치기, 오른코 겹치기를 하여 콧수를 줄인다.
9. 겉뜨기 2코와 안뜨기 1코를 반복한 후 3단 째에서 겉뜨기 부분만 교차뜨기를 해준다.
10. 겉뜨기 2코를 동시에 떠서 겉뜨기 1코과 안뜨기 1코를 만들어 한 바퀴 돌려 떠준다.
11. 돗바늘로 마무리하여 비니를 완성한다.

Tip!

· 돗바늘로 마무리할 때 코가 잘 오므려지지 않으면 돗바늘을 한 번 더 통과시켜 튼튼하게 두 겹으로 마무리한다.

· 어린 아이는 귀엽게 푹 눌러 쓸 수 있고 어른은 살짝 얹는 느낌으로 트렌디하게 착용할 수 있다.

작품명 | 요술 꽈배기 비니

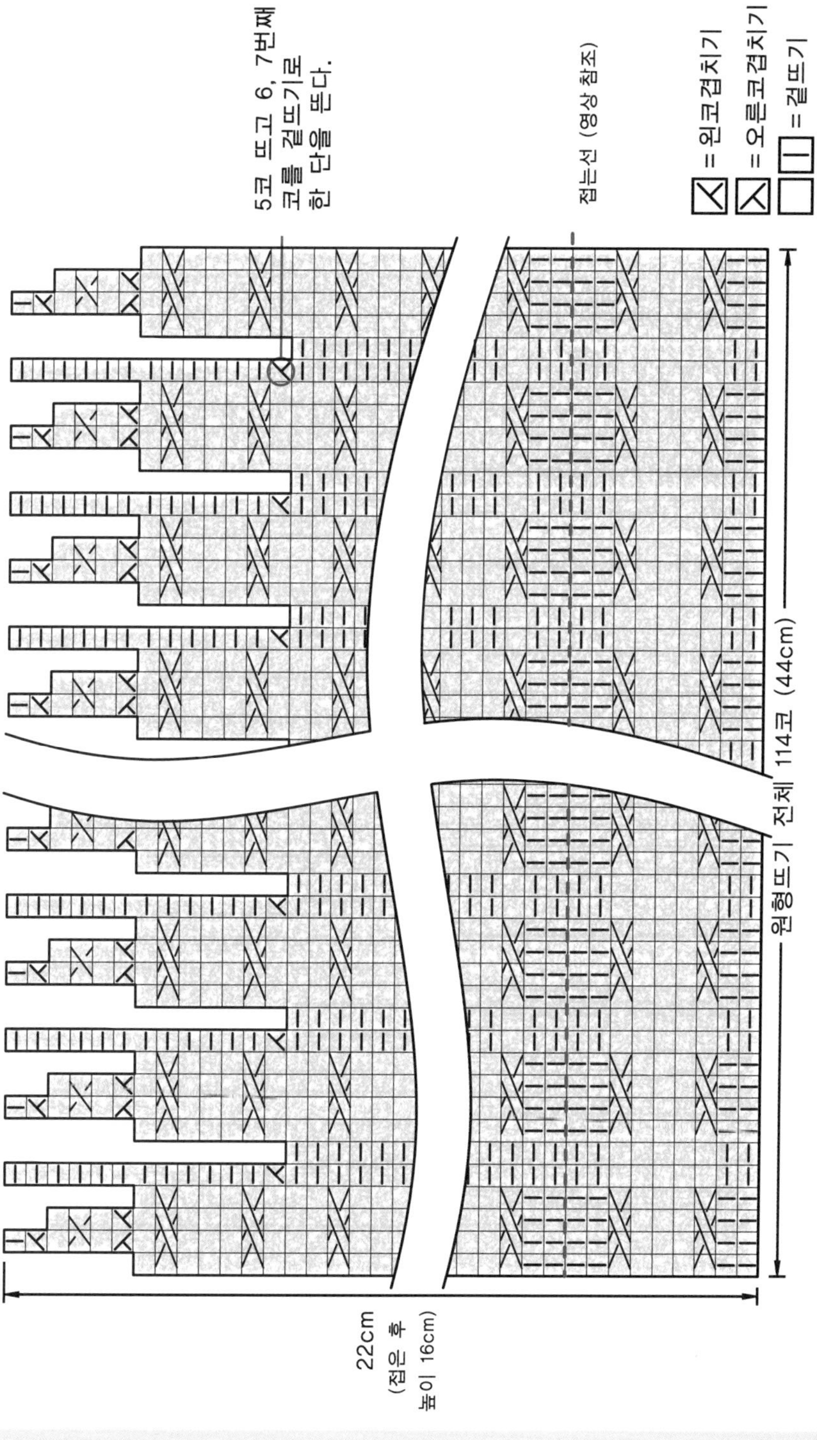
5코 뜨고 6, 7번째
코를 겉뜨기로
한 단을 뜬다.
접는선 (영상 참조)
= 왼코겹치기
= 오른코겹치기
= 겉뜨기
원형뜨기 전체 114코 (44cm)
22cm
(접은 후
높이 16cm)

Mint Choco Chip Scarf

배색 변형 고무뜨기 목도리

민트 초코칩이 생각나는

Mint Choco Chip Scarf

배색 변형 고무뜨기 목도리

실	몽블랑 민트 색상 2볼 / 브라운 2볼 (400g)
바늘	대바늘 7mm
난이도	★½
완성 사이즈	가로 23cm, 세로 220cm

배색 목도리

HOW TO MAKE-1

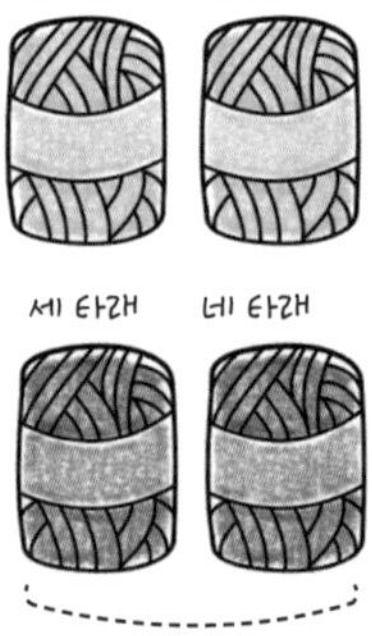

① 같은 종류의 실을 두 가지 색상으로 나누어 골라 3의 배수로 코를 잡아 (30코) 변형 고무뜨기를 떠준다.

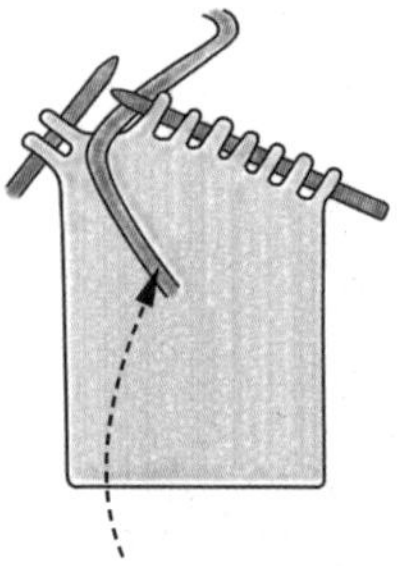

② 한 가지 색 실을 다 소진할 때까지 떠준 후에 한 단이 끝나기 2코 전에 바꿀 색상의 실을 걸어 연결해서 떠준다.

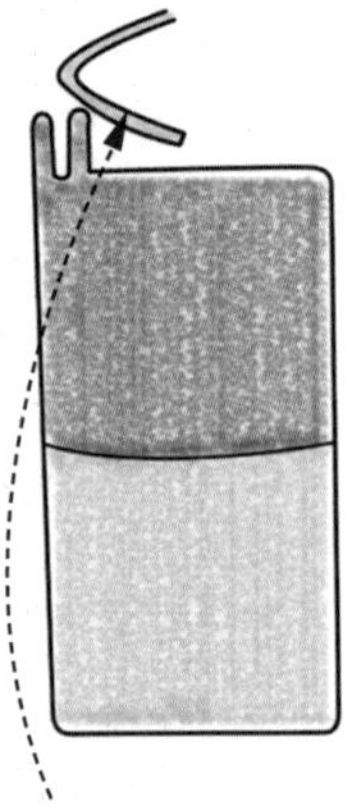

③ 같은 방법으로 단수를 세지 않고 색상가지를 배색 단위로 잡아 떠준다.(cm로 맞추어도 된다.)

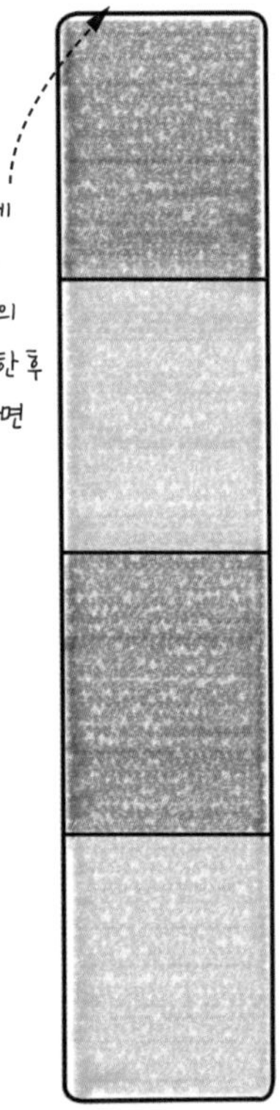

④ 다 뜬 후에 코를 막아 연결 부위의 실을 정리한 후 마무리하면 완성!

HOW TO MAKE-2

1. 일반코로 30코를 만든다. (사이즈 조절을 원한다면 3의 배수로 코를 잡아준다.)
2. 첫 코는 안뜨기 하듯 걸러주고 실을 앞에 둔 채 다음 2코를 동시에 겉뜨기 한다.
3. 다음 한 코도 마찬가지로 안뜨기로 걸러준 후 뜨는 실을 앞에 둔 채로 다음 2코를 동시에 겉뜨기 한다.
4. 2번과 3번을 반복하여 목도리를 만든다.
5. 색상을 바꿀 때 한 단의 마지막 2코를 남겨두고 새로운 실을 걸어 2코를 동시에 겉뜨기 해주고 다음 단을 시작할 때는 새로 건 실로 2번을 반복하여 떠준다.
6. 원하는 색상 조합과 길이만큼 뜬 후 마무리한다.

Tip!

- 실을 앞으로 돌려서 겉뜨기를 하는 이유는 한 코를 뜨더라도 실을 앞으로 걸어 겉뜨기를 해야 콧수가 늘어나기 때문이다.
- 목도리 뜨개의 작은 상식 : 첫 단에서는 첫 코를 떠주지만 다음 단부터는 첫 코를 뜨지 않고 걸러준다. 코를 걸러 떠주어야 목도리의 외곽 부분이 매끄럽게 잡히기 때문이다. 완성도 높은 목도리를 만들기 위해서는 꼭 첫 코를 걸러서 떠준다.

작품명 | 배색 변형 고무뜨기 목도리

DESIGN

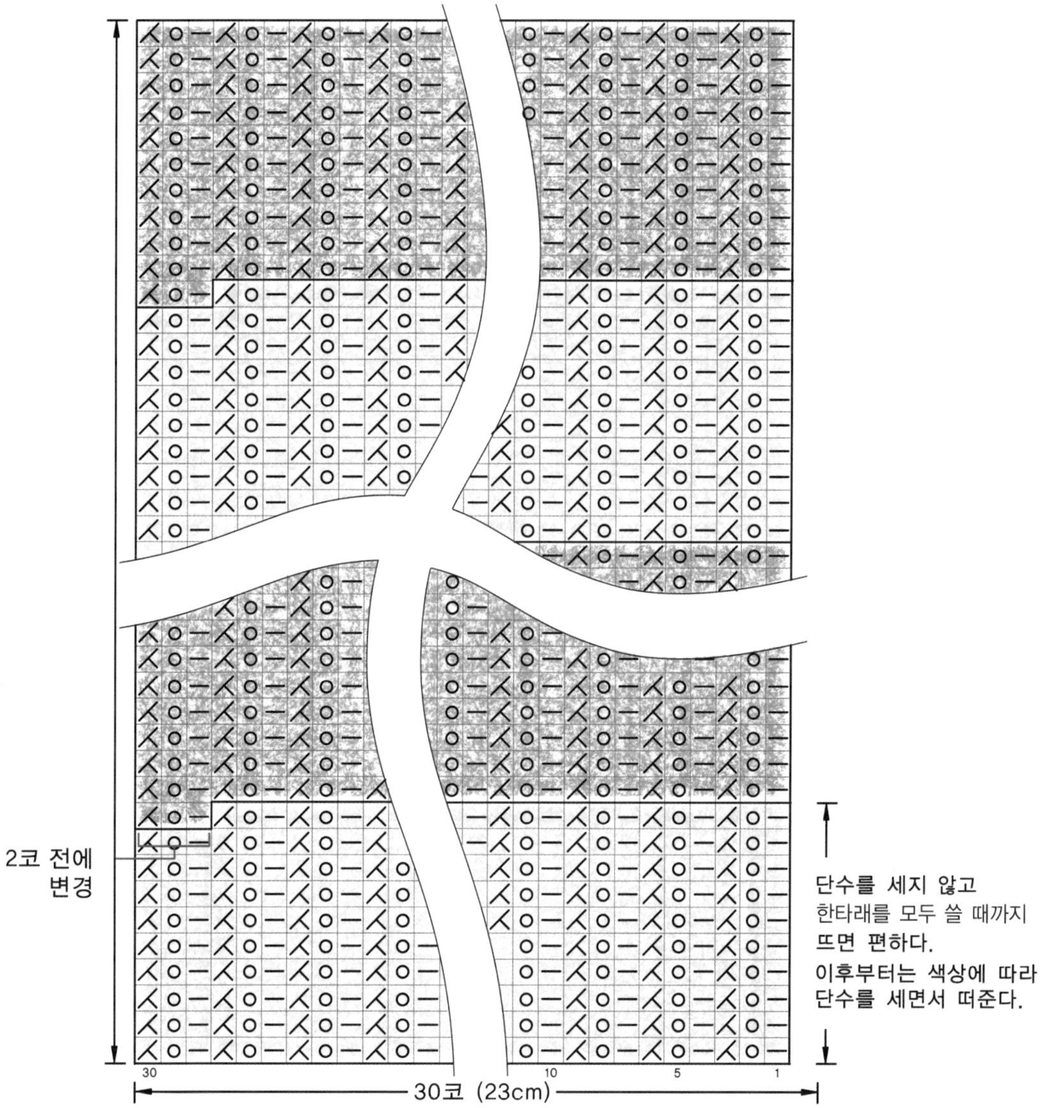

Cloisonne Muffler

칠보무늬 머플러

알록달록 색채의 향연

Cloisonne Muffler

칠보무늬 머플러

칠보무늬 머플러

- 실 　모헤어 오팔로 1볼 반 (약 160g)
- 바늘 　코바늘 모사용 6/0호
- 난이도 　★★★
- 완성 사이즈 　가로 27cm, 세로 200cm

HOW TO MAKE-1

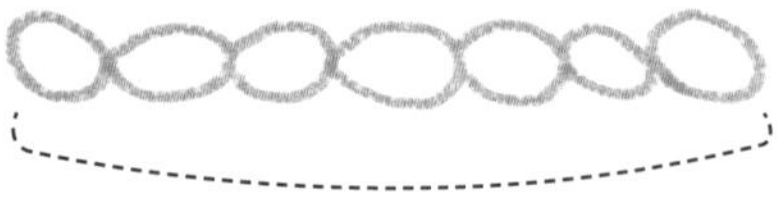

① 칠보뜨기를 일자로 스카프의 원하는 폭만큼 떠준다.

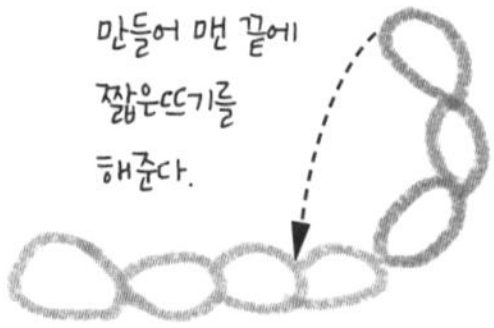

② 이후에 3개를 더 만들어 맨 끝에 짧은뜨기를 해준다.

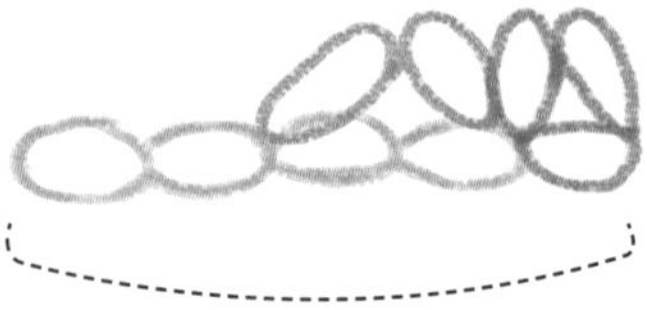

③ 2개를 만든 후 칠보 2개를 건너가서 짧은뜨기를 해준다.

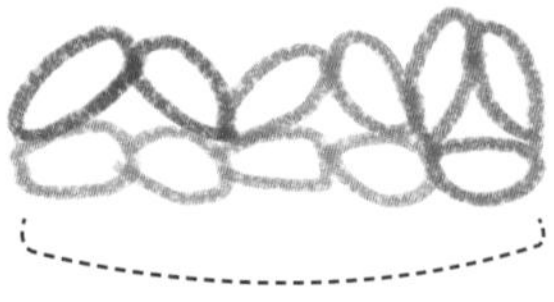

④ 반복한다.

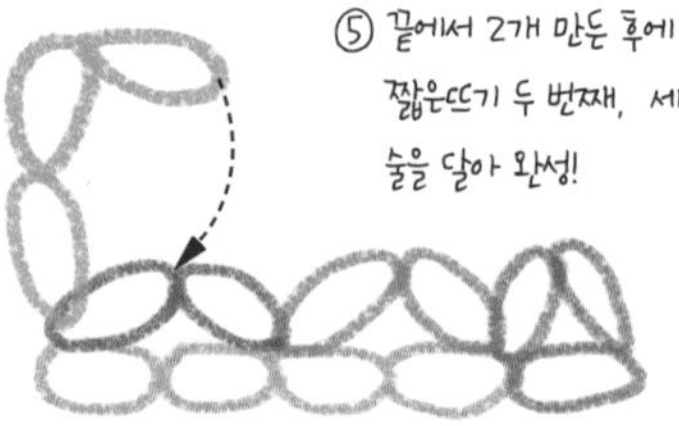

⑤ 끝에서 2개 만든 후에 첫 번째 짧은뜨기에 짧은뜨기 두 번째, 세 번째 과정을 반복한 후 술을 달아 완성!

HOW TO MAKE-2

1. 짧은뜨기를 늘려서 뜨며 2의 배수로 만든다. (칠보뜨기)

2. 3개를 더 만들어 준 후 첫 번째 코에 짧은뜨기 한다.

3. 2코씩 건너가며 칠보무늬를 만들어준다.

4. 원하는 길이가 되면 2코마다 술을 달아 마무리한다.

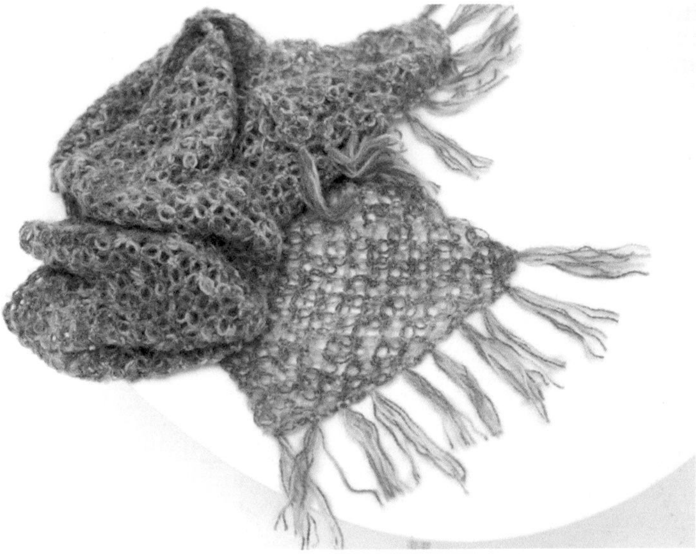

Tip!

· 맨 처음 단을 뜰 때 칠보를 3개 만들어 첫 코에 떠주고 그 다음부터는 2코씩 만들어 단을 올린다.

· 칠보뜨기를 뜰 때 꽃잎의 사이즈가 일정해야 예쁘다. 실을 당겨서 늘려 주는 힘에 따라 무늬가 달라지기도 한다. 처음에는 조금 연습을 하는 게 좋다.

· 실의 종류와 질감에 따라 전혀 다른 느낌의 머플러가 완성될 수 있다. 다양하게 만들어 보자!

작품명 | 칠보무늬 머플러

DESIGN

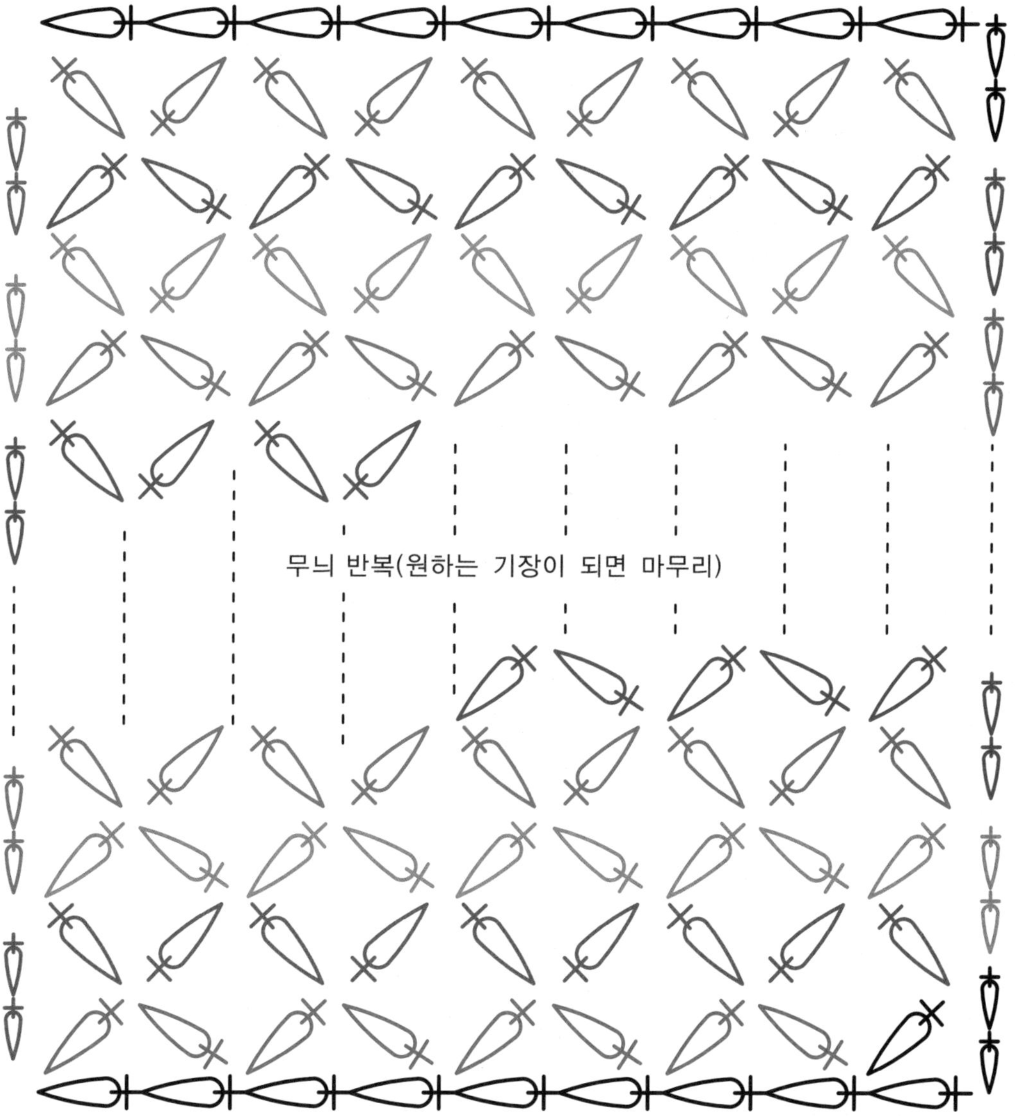

Colorful Embo Shoulder Bag

배색 엠보 숄더백

정장과 캐주얼 어떤 옷이든 완벽 매치

Colorful Embo Shoulder Bag

배색 엠보 숄더백

실	산타클로스 3볼 (군청색 1 / 연회색 2)
바늘	줄바늘 4.5mm, 코바늘 6/0호, 돗바늘
난이도	★½
완성 사이즈	가로 31cm, 세로 38cm

배색 엠보 숄더백

HOW TO MAKE-1

뜨개방식
- | 겉뜨기
- — 안뜨기

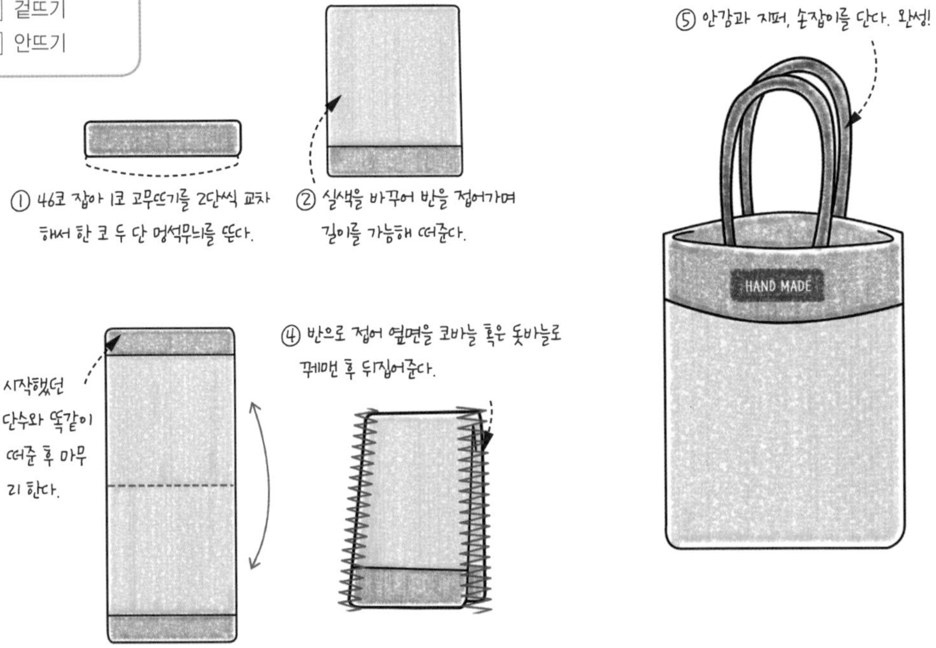

HOW TO MAKE-2

1. 군청색 산타클로스 실로 일반코를 50코 잡아 1코 고무뜨기 2단을 뜬다.
2. 1번과 반대로 겉뜨기 부분에서는 안뜨기를 뜨고, 안뜨기 부분에서는 겉뜨기를 뜨는 방식으로 총 2단을 뜬다.
3. 1번과 2번을 반복하여 엠보싱 무늬를 만든다. (1코 2단 멍석무늬)
4. 원하는 높이만큼 군청색을 뜬 다음 연회색 실로 배색하여 엠보싱 무늬를 만든다.
5. 반으로 접어보며 원하는 사이즈가 될 때까지 뜬다.
6. 실을 다시 군청색으로 바꾸어 배색한다. 이때 처음 군청색으로 뜬 부분의 단수를 세어 무늬의 높이를 맞추어 준다.
7. 가방의 겉과 겉을 마주보게 접어 빼뜨기를 하거나 돗바늘로 양쪽을 마무리한다.
8. 손잡이와 안감을 달아 숄더백을 완성한다.

Tip!

· 군청색과 연회색을 배색하여 엠보싱 무늬를 뜬 다음 반대쪽을 다른 색상의 실로 떠주면 양면이 다른 분위기의 예쁜 가방을 만들 수 있다.

작품명 | 배색 엠보 숄더백

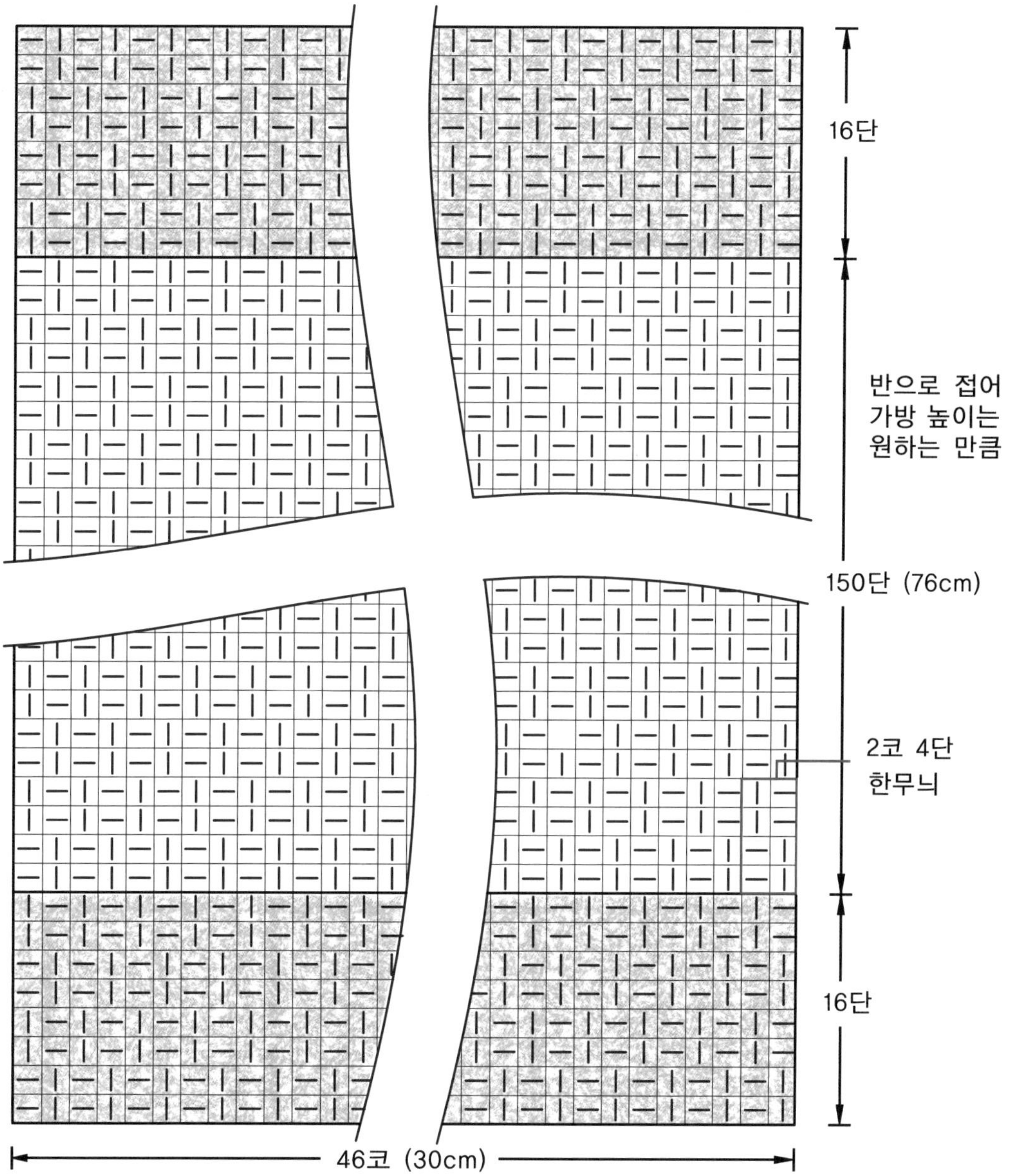

Colorful Hand Warmer

배색 핸드워머

커플로 착용해도 OK

Colorful Hand Warmer

배색 핸드워머

배색 핸드워머

실	해피 약 1타래 반 (코랄색 1볼, 민트색 반볼) 약 60g
바늘	줄바늘 3.5mm, 4mm, 돗바늘
난이도	★½
완성 사이즈	가로 6cm, 세로 20cm

HOW TO MAKE-1

뜨개방식

- | 겉뜨기
- – 안뜨기
- ⋀ 왼코 겹치기
- ⋏ 오른코 겹치기
- • 코막기

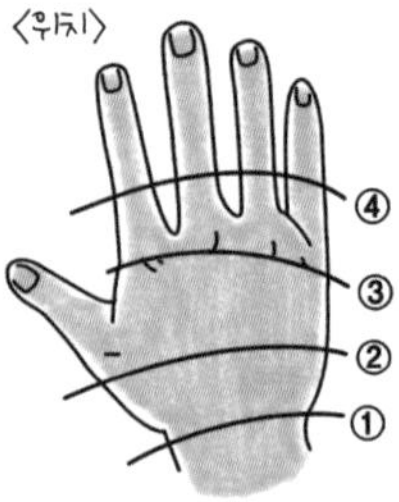

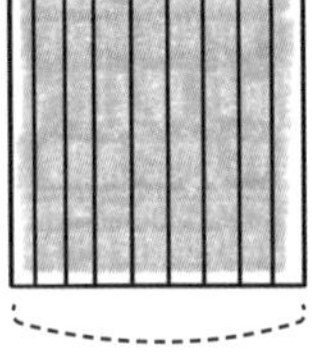

① 2코 고무뜨기를 3.5mm 바늘로 40코 잡아 원하는 만큼 떠준다. 이때 배색도 해준다.

⑤ 완성! 두 개 만들자!

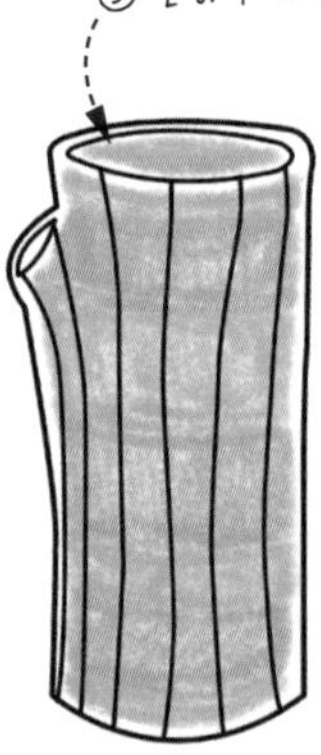

② 바늘을 4mm로 바꾸어 2단을 더 떠준다.

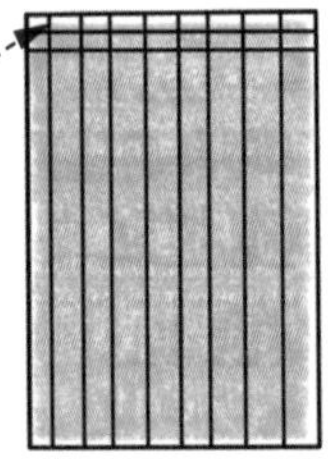

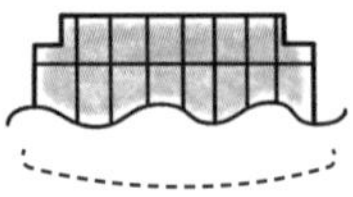

③ 1단의 양쪽 끝을 1코씩 줄여 총 4번 반복한다. 앞뒤로 4코 줄이면 총 8코가 줄어든다.

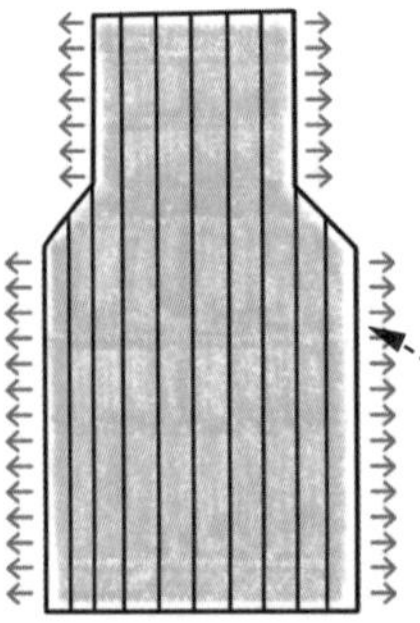

④ 뜨던 무늬 그대로 뜨다가 끝부분에서 다시 3.5mm 바늘로 바꿔 떠서 마무리한 후 연결한다.

HOW TO MAKE-2

1. 줄바늘 3.5mm로 민트색 실로 40코 잡은 다음 2코 고무뜨기 4단을 뜬다.
2. 실을 코랄색으로 바꾸어 2코 고무뜨기 8단을 뜬다.
3. 줄바늘을 4mm로 바꾸어 원하는 만큼 1번과 2번을 반복하여 뜬 다음 1단마다 1코씩 양쪽줄임으로 각각 4코를 줄인다.
4. 민트색 4단과 코랄색 8단을 반복하여 평단으로 뜬 다음 줄바늘을 3.5mm로 바꾸어 코막음한다.
5. 옆면을 돗바늘로 연결하여 마무리한다.

Tip!

· 2단부터는 실을 배색할 때 엮어 올라가지 않고, 실을 끊고 다시 연결하여 떠주어야 깔끔하다.

· 영상에서는 첫 코와 마지막 코를 덮어 씌웠지만 첫 코만 덮어 씌우고 마지막 두 코를 동시에 떠주어야 모양이 예쁘다.

· 마무리 할 때 꼭 2코 고무뜨기로 코막음을 해야 한다. 안 그러면 마무리한 부분의 편물이 늘어난다.

작품명 | 배색 핸드 워머

DESIGN

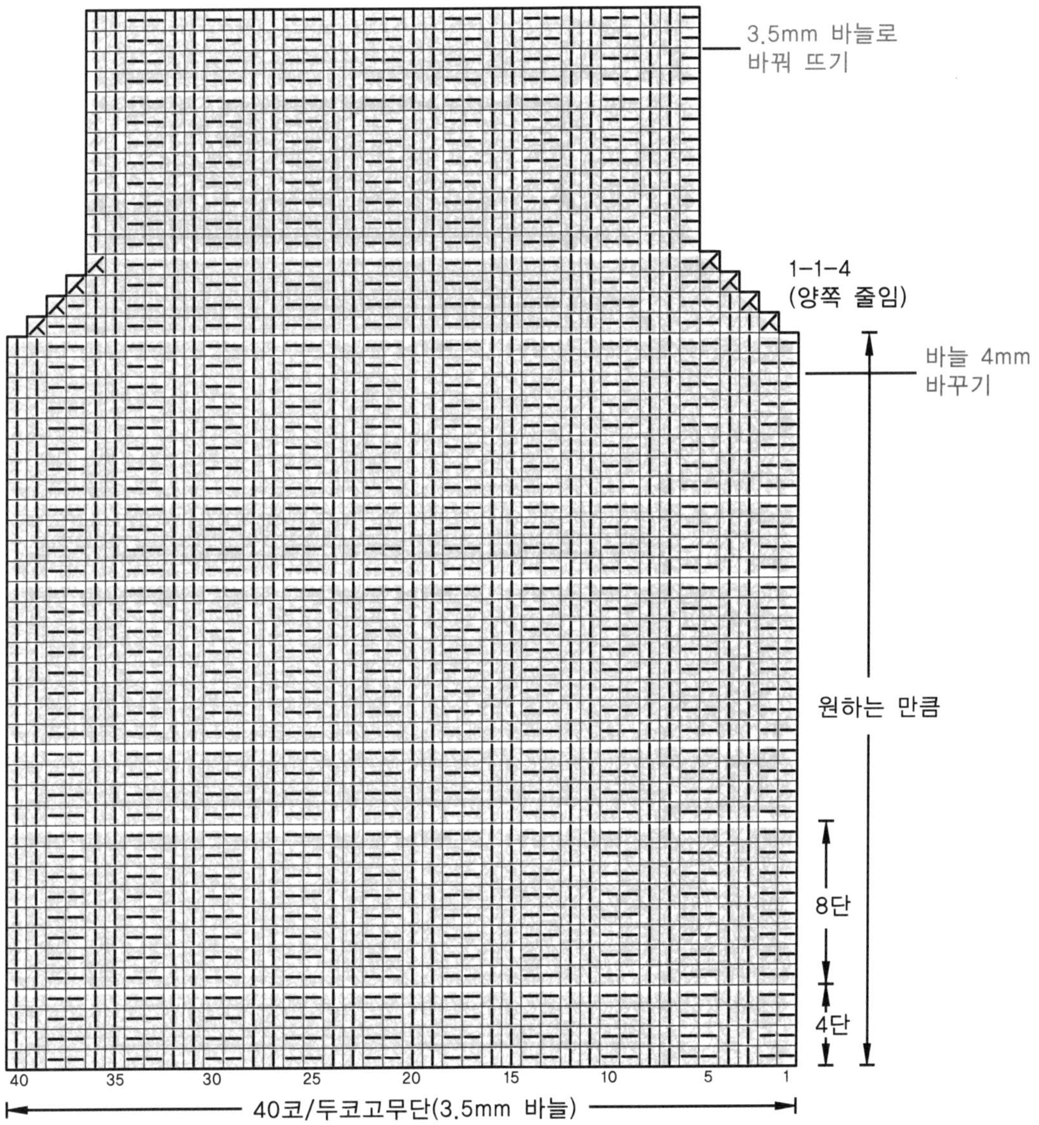

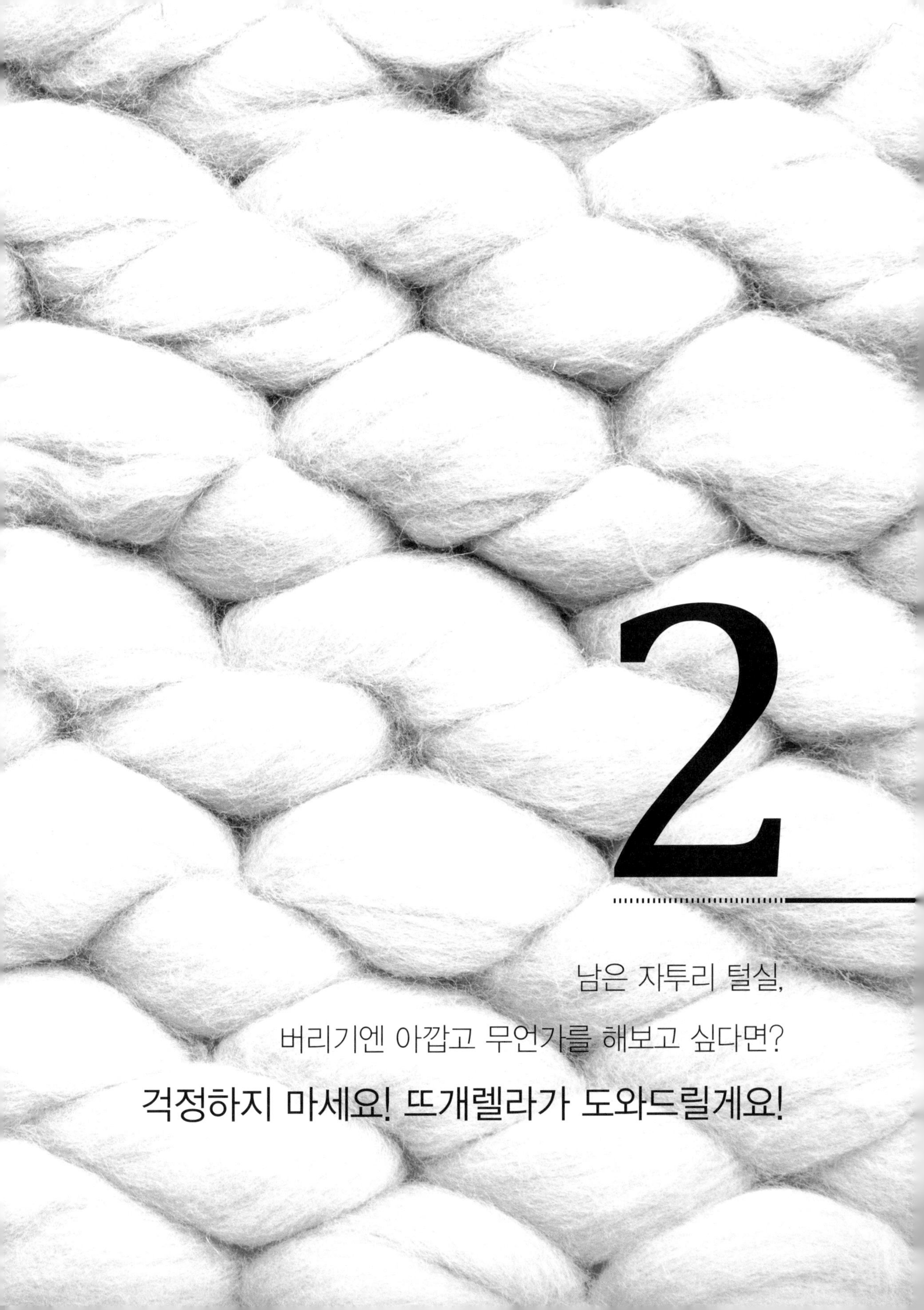

2

남은 자투리 털실,

버리기엔 아깝고 무언가를 해보고 싶다면?

걱정하지 마세요! 뜨개렐라가 도와드릴게요!

Ethnic Tassel

김라희식 태슬 만들기

감성 돋는 겨울 소품

Ethnic Tassel

김라희식 태슬 만들기

준비물 자투리 털실, 두꺼운 종이, 가위

김라희식 태슬

HOW TO MAKE-1

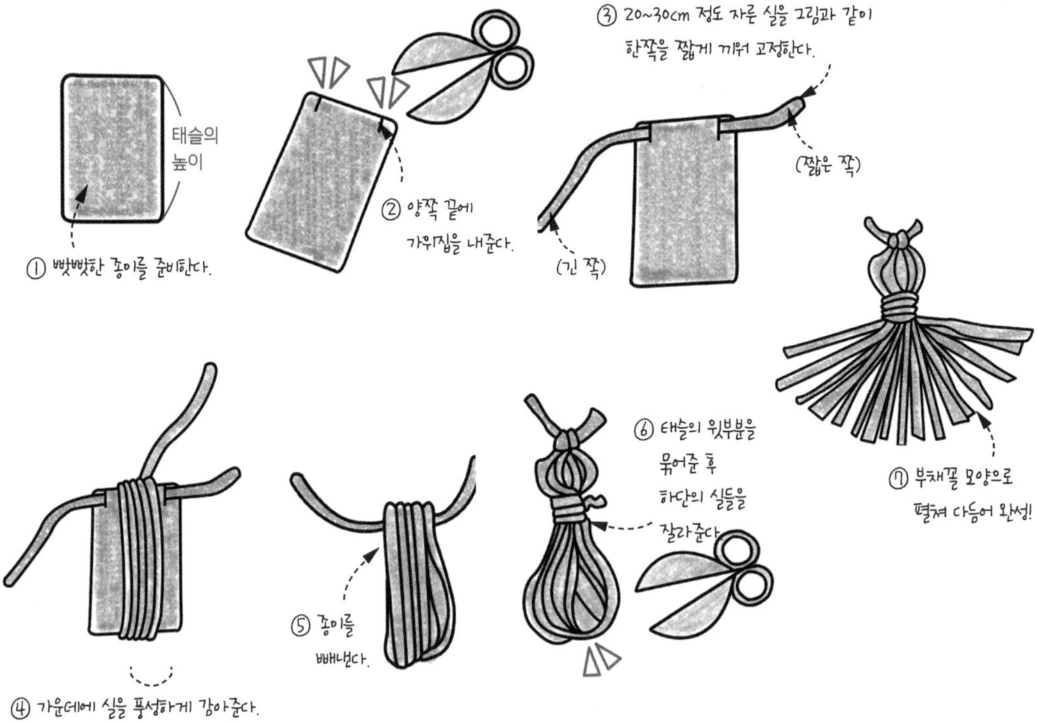

HOW TO MAKE-2

1. 두꺼운 종이를 직사각형으로 자른다. (직사각형의 높이 = 태슬의 길이)
2. 상단 양쪽 끝 부분에 1cm 정도의 가위집을 낸다.
3. 실을 약 30cm 정도 잘라 가위집 안에 꽂아준다.
4. 가운데 부분에 새로운 실을 당기지 않은 상태에서 원하는 만큼 감아준 다음 가위로 잘라준다.
5. 가위집에 걸어 놓은 실을 뺀 후 매듭을 단단하게 묶어준다.
6. 실을 적당히 잘라 태슬의 윗부분을 단단히 감아 묶어주고 중간 중간 튼튼하게 매듭을 묶어준다.
7. 남은 실에 돗바늘을 연결하여 태슬 안쪽으로 빼내어 마무리한다.
8. 태슬을 평평한 곳에 놓아 부채꼴 모양으로 펼쳐 다듬어준다.

Tip!

- 부채꼴 모양으로 잘라주는 이유는 곡선으로 잘라주어야 태슬을 아래로 정리했을 때 단면이 직선이 되어 예쁜 태슬의 모양이 나오기 때문이다.
- 실을 사슬뜨기로 떠서 걸면 조금 더 튼튼한 태슬이 된다.

Indie Pompom

김라희식 POMPOM

POMPOM! 인디 캐주얼의 완성

Indie Pompom

김라희식 POMPOM

예쁜 털방울

준비물　많은 양의 자투리 실, 가위, 두꺼운 종이

HOW TO MAKE-1

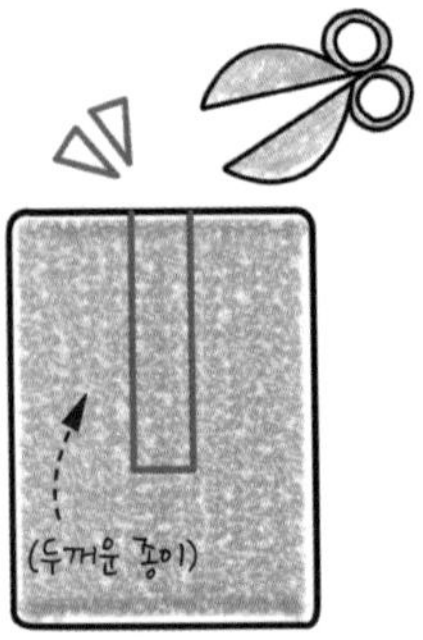

① 그림과 같이 잘라준다.

② 종이가 접히지 않도록 잡아준다.

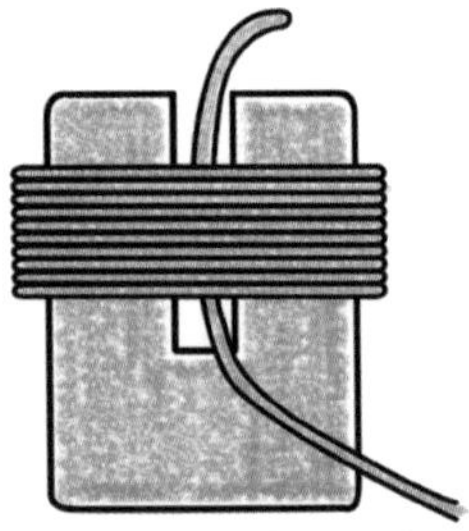

③ 실을 가로로 풍성하게 감아 가운데 실을 통과한다.

④ 단단하게 묶어준다.

⑤ 외곽 양쪽을 가위로 잘라 다듬는다.

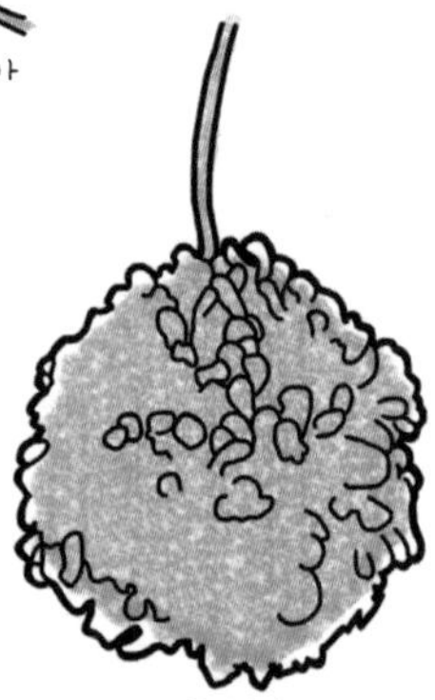

⑥ 완성!

HOW TO MAKE-2

1. 실을 넉넉하게 준비한다.
2. 준비된 종이의 정가운데 부분을 직사각형으로 길게 잘라준다.
3. 실을 종이에 한 번 감아 꼬아준 다음 계속해서 감아준다.
4. 종이의 홈 부분에 새로운 실을 끼워 두 번 단단하게 묶어주고, 실을 돌려 반대쪽 에서도 단단하게 묶어준다.
5. 털실이 리본 모양처럼 되었을 때 양쪽을 가위로 잘라준다.
6. 종이를 빼낸 다음 털실을 동그랗게 가위로 다듬어 털방울을 완성한다.

Tip!

· 방울을 만드는데 생각보다 많은 양의 실이 들어간다.

· 묶는 실을 비교적 얇은 걸로 해주어야 털방울의 털이 빠지지 않는다.

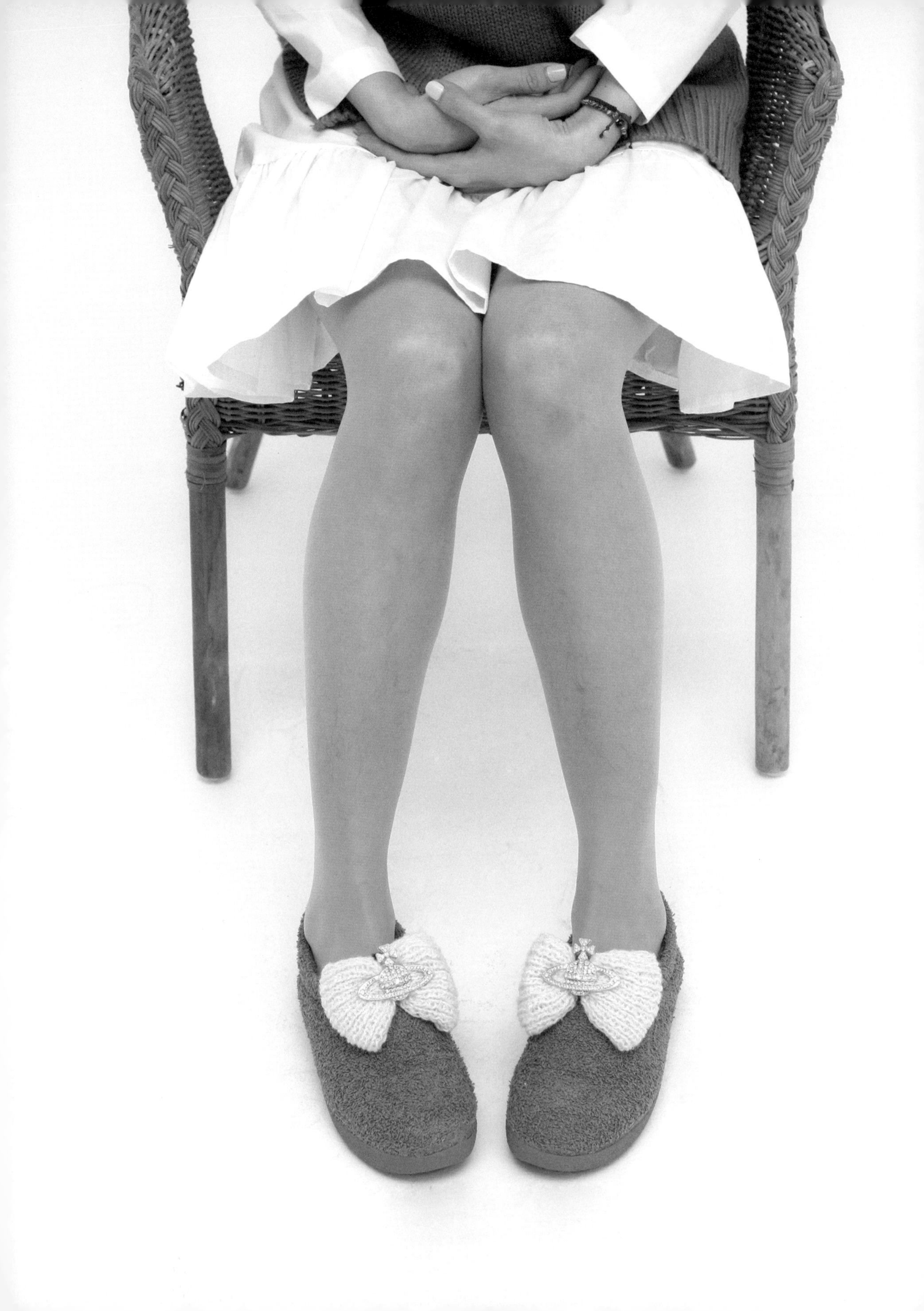

Plump Ribbon

김라희식 통통 리본

어디에나 심플하게 잘 어울리는

Plump Ribbon

김라희식 통통 리본

준비물　자투리 실, 줄바늘, 돗바늘, 못 쓰는 액세서리류

통통 리본

HOW TO MAKE-1

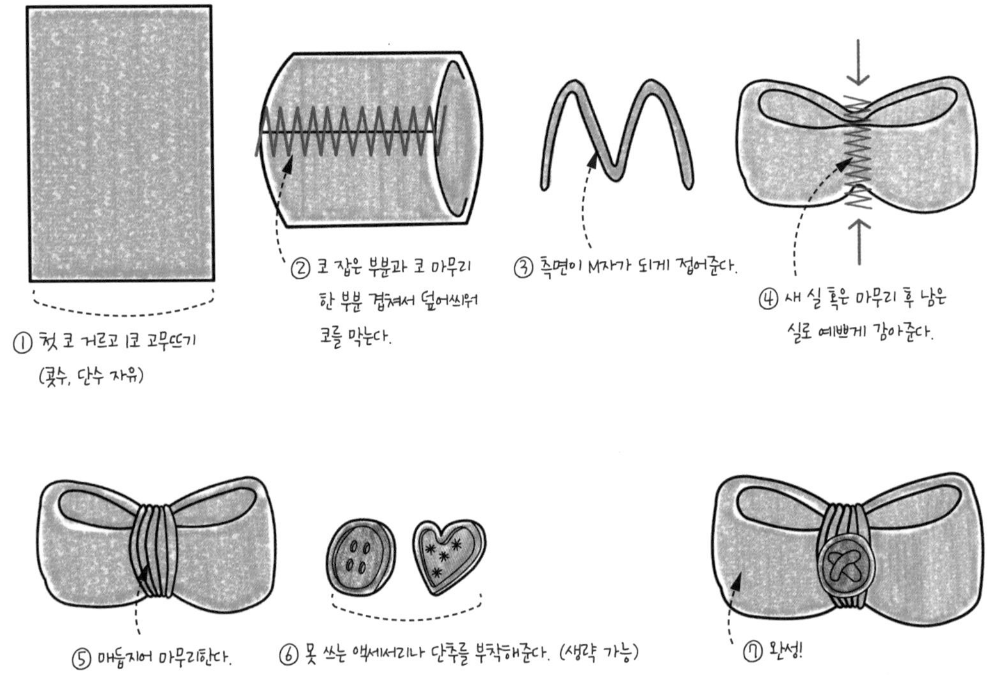

HOW TO MAKE-2

1. 리본의 너비가 되는 만큼 코를 잡아 준다. (20코)
2. 1코 고무뜨기를 해준다. 이때 첫 단을 제외한 두 번째 단부터는 첫 코를 뜨지 않고 걸러준다.
3. 시작 부분의 코를 잡아 코막음을 해준 후 가운데에 돗바늘을 통과시켜 리본 모양을 만들어 준다.

Tip!

· 액세서리나 단추를 붙여 작품의 완성도를 높여보자.

EPILOGUE

저는 어릴 적부터 손재주가 좋다는 말을 많이 들었습니다.
그림을 그리고 나면 표현력이 좋다는 칭찬을 줄곧 들어왔고, 독일의 어느 의상 디자이너님께서도 "김라희는 창의력의 천재야!"라는 말을 해 주시기도 했습니다. 그래서인지 저는 틀에 박힌 일을 하기보다는 오로지 저만의 상상력으로 작품을 형상화하는 것을 좋아하게 되고 또, 잘 하게 되었습니다.
제 본업은 모델입니다. 모델 경력이 어느덧 16년이 되었지요. 사실 모델이라는 직업의 생명력이 굉장히 짧음에도 불구하고 너무 열심히 일한 탓에 오른쪽 눈의 시력을 거의 잃었습니다. 조명이 안구에 굉장히 해롭기 때문이지요. 그렇게 앞으로는 모델 활동을 왕성하게 할 수 없을 거란 얘기를 듣고 난 뒤로 저는 마치 시한부 선고를 받은 사람처럼 폐인과 같은 삶을 살기도 했지요.
그러다가 시작하게 된 것이 바로 유튜브와 블로그였습니다. 처음에는 제가 좋아하는 게임들을 올리거나 단순한 자료를 저장하기 위해 사용했지만 점차 제가 좋아하고 상상하는 것들을 남들과 공유하게 되면서 블로그를 적극적으로 사용하게 되었습니다. 하지만 블로그란 플랫폼에는 한계가 있었기에 유튜브로 넘어가지 않을 수가 없었습니다. 그렇게 저만의 상상력을 유튜브에 마음껏 공유할 수 있게 되면서 저는 어느 때보다 재미있고 효과적으로 제 아이디어를 전달할 수 있게 되었습니다.
'준비된 자에게 기회는 온다.' 라는 말을 항시 되뇌며 산 저에게 어느 날 출판 제의가 들어왔습니다. 살았던 나날들에 대한 보상일까요? 꿈만 같았습니다. 내가 책을 내게 되다니… 나의 상상이, 나의 손재주가 책이 되어 손으로 만질 수 있고 소유할 수 있게 되다니!
하지만 많은 시행착오가 있었습니다. 늘 상상만으로 해 오던 저에겐 생각처럼 잘 되지 않는 것들이 허다했고, 책을 내게 되면 그만큼 작품의 퀄리티도 생각해야 할 뿐 아니라 늘 새로운 것들을 생각하고 창작해야 하는 큰 부담이 따랐습니다. 창작이 이렇게 힘들고 고달프구나라는 걸 처음으로 느꼈습니다. 하지만 이런 힘든 과정 역시 저에게는 무척 큰 즐거움이었습니다. 밥 먹는 시간과 자는 시간을 제외하고는 오로지 뜨개질에만 매진했지요.

생각처럼 잘 되면 기뻐서 어쩔 줄 몰라 했고 잘 되지 않을 땐 울고도 싶었습니다. 그 와중에 동영상을 편집하고 편집 기술을 연마하면서 점차 저의 편집 색깔이 뚜렷해지는 걸 느꼈는데, 바로 뜨개렐라 작업을 하면서 제 자신을 더욱 발전시키게 되는 계기를 깨닫게 된 것이지요.

어릴 때부터 완벽하고 성실히 일하시는 어머니의 모습을 보아 와서 그런 걸까요?

제 모습도 엄마와 많이 닮아 있었습니다. 조금이라도 더 완벽하고, 확실하고, 작품성 있는 걸 추구하다 보니, 또 제가 상상하는 것들을 영상을 통해 남들에게 설명해야 하고, 그걸 또 그림과 글 그리고 도안으로 재구성해야 하는데, 그 어려움은 가히 상상을 초월했습니다. 이런 정형화된 집필 작업은 태어나서 가장 힘든 일이었지요. 난생 처음으로 흰머리도 나더군요. 오른팔이 너무 아파서 뜨개질을 4일 동안 못 한 적도 있었습니다. 손목 보호대와 테이핑을 하면서까지 뜨개질에 매진하였는데 하루도 쉴 수가 없었습니다. 하루 종일 눈 뜬 이후부터 잠이 들기 전까지 오직 뜨개렐라라는 책과 작품 생각뿐이었습니다. 이렇게 완벽주의로 딸을 키워 놓은 엄마가 살짝 미워질 뻔한 적도 있었지요. 그 모든 창작에 대한 고뇌는 고스란히 제 몫이었으니까요.

하지만 이런 기회가 저에겐 다시 느낄 수 없는 크나큰 즐거움이기도 합니다. 뜨개렐라라는 이름의 책은 그렇게 고된 즐거움 속에서 탄생한 책이지요.

언제나 옆에서 응원해 주시고 영상 하나하나에 댓글을 달아 주시며 피드백을 주시는 우리 유튜브 팬분들과 구독자 여러분, 집필 작업과 도안을 그리고 감수하는 일에 전폭적인 도움을 주셨던 남성모사의 김승희 선생님, 초보 독자 입장에서 조언해준 조준형, 방대한 양의 사진을 바쁜 시간을 쪼개어 호주라는 먼 곳에서 하나하나 예쁜 색감을 입혀 기꺼이 보정을 해준 내 친구 홍서희, 완벽한 사진을 찍어 주셔서 정말 큰 도움을 주신 컨트롤앤 스튜디오(Ctrl N Studio)의 조민성 PD님, 유튜브 인트로 영상을 촬영해 준 O.S.T entertainment의 남욱재, 사진 편집을 도와준 장민우, 언제나 손녀딸을 예뻐해 주시고 털실도 사주시고 응원해 주시는 우리 외할머니 이영복, 카메라에 관련하여 늘 알려주시고 도움을 주신 우리 외삼촌 서성훈, 묵묵히 뜨개질을 할 때마다 곁에 있어주며 방해하지 않아준 우리 뽀대와 간지, 마지막으로 늘 항상 함께 해 주시면서 저를 이렇게 재능있는 딸로 키워주신 우리 어머니 서주영,

사랑합니다. 감사합니다.

다들 정말 무한한 감사를 드립니다.

뜨개렐라, 김라희

저자 김라희

- 2003년 일본 모델 데뷔
- 국제대 모델과 졸업 (모델전공)
- 2008 대전 충남 미스코리아 출전
- 각종 CF, 패션쇼 다수
- 온게임넷 방송 다수
- 스마트팜TV 메인 MC
- 마케팅, e스포츠 마케팅 강사
- 이외 다수 (모델 경력 17년)

〈현〉방송 MC / 모델

〈현〉수공예 유튜브 크리에이터

〈현〉수공예 블로거

감수 김승희

- 일본 수예협회 손뜨개 지도원

촬영 조민성

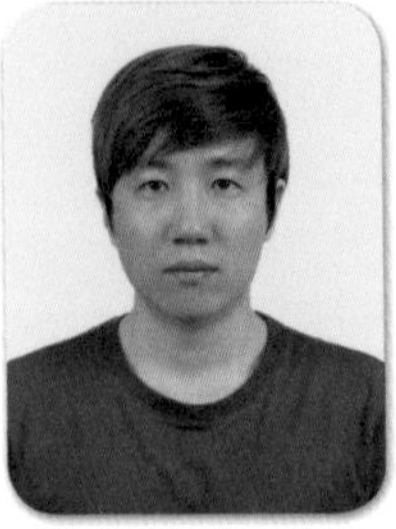

- 프리랜서PD
- 컨트롤앤 CEO

@raheetv
www.youtube.com/0303rh
cafe.naver.com/0303rh
blog.naver.com/powerppodea
http://tv.naver.com/raheetv

김라희는 뜨개렐라

쉽고 예쁜 코바늘·대바늘

2016년 11월 1일 초 판 인쇄
2016년 11월 10일 초 판 1쇄 발행
2017년 2월 13일 초 판 2쇄 발행
2020년 10월 15일 개정판 3쇄 발행

저 자 김라희
감 수 김승희
촬 영 조민성
발행인 조규백
발행처 도서출판 구민사
(07293) 서울특별시 영등포구 문래북로 116, 604호(문래동3가 46, 트리플렉스)
전화 (02) 701-7421(~2)
팩스 (02) 3273-9642
홈페이지 www.kuhminsa.co.kr

신고번호 제2012-000055호(1980년 2월 4일)
ISBN 979-11-5813-866-0 03590

값 14,800원

이 책은 구민사가 저작권자와 계약하여 발행했습니다.
본사의 서면 허락 없이는 어떠한 형태나 수단으로도 이 책의 내용을 이용할 수 없음을 알려드립니다.